POLARIS

Regine Rompa

Unser Hof
in der Bretagne

Neuanfang zwischen Beeten,
Bienen und Bretonen

Rowohlt Polaris

Originalausgabe
Veröffentlicht im Rowohlt Taschenbuch Verlag,
Hamburg bei Reinbek, Mai 2019
Copyright © 2019 by Rowohlt Verlag GmbH, Hamburg bei Reinbek
Umschlaggestaltung HAUPTMANN & KOMPANIE Werbeagentur, Zürich
Umschlagabbildung Objectif Naturel / Pénélope Secher
Satz aus der Minion, InDesign,
bei Dörlemann Satz, Lemförde
Druck und Bindung CPI books GmbH, Leck, Germany
ISBN 978 3 499 63426 0

Das für dieses Buch verwendete Papier ist FSC®-zertifiziert.

«I am no longer accepting the things I cannot change.
I am changing the things I cannot accept.»

(Angela Davis)

Bei den Figuren in diesem Buch handelt es sich um reale Personen. Die Autorin erzählt deren Handlungen, Aussagen und Motive nach bestem Wissen und Gewissen. Die Dialoge sind den tatsächlich stattgefundenen Gesprächen nachempfunden und geben nicht 1:1 die Aussagen der tatsächlichen Personen wider.

Inhaltsverzeichnis

Prolog

Wie ruhig es hier war. Und wie dunkel. Wir lagen auf einer Matratze auf dem Boden, lauschten den Eulen und sahen ins Feuer. Unser Hund Twix schlief tief und fest zwischen uns. Sein Hinterbein zuckte im Traum, und gelegentlich schnarchte er ein wenig. Sein langes braunes Fell war wie immer warm. Ich suchte über ihm nach Antons Hand.

Wir hatten es tatsächlich getan. Wir lagen in einem leeren bretonischen Wohnzimmer auf einer Matratze vor dem offenen Kamin. In *unserem* leeren bretonischen Wohnzimmer, in unserem abgelegenen, reetgedeckten Häuschen, das so sehr an die Häuser aus «Asterix und Obelix» erinnerte. Asterix und Obelix im Auenland. Zum Haus gehörten etwa 13 000 Quadratmeter Land mit einem uralten, verwunschenen Eichenwald, Wiesen für Weiden und genug Platz für einen Gemüsegarten. Über das Grundstück floss ein kleiner Bach. Außerdem gab es einen tiefen alten Steinbrunnen, der direkt dem «Froschkönig» entstammen könnte und eine romantische Ruine eines früheren Hauses im Garten.

Doch momentan leuchtete dadraußen nur das schönste Sternenzelt der Welt. In unserem Neun-Leute-Dorf Kerjégu in der Bretagne gab es keine Straßenbeleuchtung, kein Licht, das von Mond und Sternen ablenken konnte. Anton war vorhin noch zum Schuppen gelaufen. Dahinter lagerte Holz für den Kamin. Weil wir hauptsächlich mit Holz heizen mussten, waren wir darauf angewiesen. Ich hatte von der Haustür aus beobachtet, wie der kleine Kegel seiner Taschenlampe im Dunkeln hin- und herschwang.

Ziemlich aufgeregt hatten wir den Kamin schließlich zum ersten Mal in Gang gebracht. Jetzt knisterte das Feuer beruhigend, und es war warm im Zimmer. Doch ich konnte trotzdem nicht einschlafen. Wir konnten noch kein Französisch. Wir wussten nicht viel von Landleben und Pflanzenanbau. Wir kannten hier niemanden. Ich war hin- und hergerissen zwischen Vorfreude auf das neue Leben, das uns hier erwartete, und Angst davor, dass alles schiefgehen würde.

Ausbruch aus dem alten Leben

*Wie wir versuchten, wieder zu erleben
statt nur zu erledigen*

In wohl jedem Menschen steckt der Traum, ein selbstbestimmtes, freies Leben nach eigenen Regeln und Werten zu führen. Ein Leben, in dem kein Wecker den Tag startet, kein Chef den Rhythmus vorgibt, der Lärm der Stadt verstummt und die Sonne scheint …

Damit, dass die Sonne *nicht* schien, begann unsere Geschichte. Ich öffnete die Tür und trat aus dem Wohnmobil hinaus in den Schnee. Hinter mir fuhr die rentnergerechte elektrische Treppe wieder hoch. Es gab kein Entrinnen! Meine Flipflops sanken ein, Schnee berührte meine nackten Zehen. Im Bademantel rannte ich los. Über den leeren, verschneiten Campingplatz bis zu den Duschräumen waren es nur etwa fünfzig Meter. Ich hörte trotzdem erst unter der heißen Dusche auf zu zittern. Und begann zu überlegen. Wonach suchten wir hier eigentlich? Was wollten wir im Winter auf einem Campingplatz mitten im Schwarzwald?

Wir waren im Grunde zwei Stadtmenschen. Ich war im idyllischen Heidelberg aufgewachsen, Anton im niederländischen Dordrecht. Früh waren wir beide in andere Städte gezogen. Erst kleine Städte, später große: Bei mir waren es Erlangen, Stuttgart, Bremen, Den Haag, Würzburg, München und Berlin. In Würzburg hatte ich mich mit sechsundzwanzig Jahren als Autorin und Redakteurin selbständig gemacht; das war jetzt knapp zehn Jahre her. Später waren Anton und ich nach München gezogen. Nach etwas mehr als vier Jahren hatten wir die Hauptstadt der Bayern in

13

Richtung Berlin verlassen. Wir kannten niemanden in Berlin, wir wollten einfach dort sein, dort, wo das Leben pulsierte, wo Offenheit und Toleranz, Kultur und Inspiration herrschten, jeder alle Möglichkeiten hatte – so schien es uns damals jedenfalls.

In Berlin war es damals selbst unter normalen Bedingungen schwer, eine Mietwohnung zu finden. Für einen selbständigen Informatiker ohne Kunden vor Ort, eine freie Autorin und einen Hund waren die Bedingungen nicht mal normal. Einem Bauchgefühl folgend hatten wir deshalb mit einem Kredit die erste Wohnung gekauft, die wir besichtigt hatten: eine winzig kleine Zwei-Zimmer-Wohnung mitten im Friedrichshain. Natürlich schliffen wir erstmal die alten Dielen ab. Wir strichen sie weiß und sorgten dafür, dass die Farbe shabby-chic-mäßig wieder abblätterte. Wir nutzten die extrem hohen Decken und bauten eine Schlafgalerie als zweite Etage ein. Die Balkontüren standen im Sommer Tag und Nacht offen. Nachts sahen wir vom Bett aus Fledermäusen zu, die im verlassenen Backsteinhaus gegenüber lebten.

Die Tage verbrachten wir, wenn wir nicht arbeiteten, mit den Nachbarn. Wir hatten die besten Nachbarn der Welt, wie wir schnell feststellten. Wir aßen zusammen, was Dario aus Italien kochte, tranken zusammen, was Julien aus Frankreich und Ruth aus der Pfalz an Wein mitbrachten, feierten mit der Hausgemeinschaft und unternahmen viel. Wir fühlten uns angekommen und angenommen. Oft diskutierten wir ganze Nächte über bedingungsloses Grundeinkommen, Kapitalismus, Eigentum und Weltherrschaft. Anders als in München galten Anton und ich hier nicht als zu links, sondern befanden uns mit unseren Ansichten eher entspannt in der Mitte.

Berlin war ärmer und weniger repräsentativ als München, aber es war geistig beweglicher, streitbarer – was ebenso erfrischend wie anstrengend und manchmal auch deprimierend war, weil es uns immer wieder mit den eigenen Unzulänglichkeiten konfrontierte.

Wir sogen alles Neue erstmal auf und freundeten uns mit Berlin und einigen seiner Bewohner an. Etwas mehr als ein Jahr später arbeitete ich in der Finanzbranche, und Anton programmierte für *Zalando*. Auch das gehörte zu Berlin: Es gab so viel Input, dass man nur schwer kontrollieren konnte, welche Richtung man einschlug und wo man letztlich endete – sei es gedanklich oder beruflich. An unsere Jobs waren wir über Empfehlungen von unseren Nachbarn gekommen. Im Sommer 2014 schien es in der Digitalbranche endlos Stellen zu geben, und sie waren uns angeboten worden, ohne dass wir dazu viel hätten tun müssen – eine Gelegenheit, die wir nicht verstreichen lassen wollten. Zwar hatte ich bis dahin vom Politikstudium mal abgesehen keinen Finanzhintergrund, aber ich arbeitete mich ein, und es machte mir Spaß. Ich schrieb Online-Texte über Themen wie Altersvorsorge, Baufinanzierung und die aktuelle Niedrigzinsphase. Alles war logisch, ich verdiente gut und zum ersten Mal seit langem hatte ich richtige Kollegen – und nette noch dazu. Nach der Arbeit tranken wir auf der Dachterrasse in der Friedrichstraße Whiskey und sahen auf die Touristen am Checkpoint Charlie herunter. Wenn wir richtig betrunken waren, fuhren wir auf den Rollbrettern des Getränkelieferanten durch die Büros.

Eine der Grundregeln für das Leben in Berlin lautet: Nichts bleibt, wie es ist. Wer hier wohnt, begrüßt Veränderungen, oder er geht. Meine Arbeit mit den Finanztexten hatte sich nach etwa einem weiteren Jahr in eine feste Vollzeitstelle als stellvertretende Redaktionsleiterin verwandelt. Nebenher arbeitete ich noch als freie Autorin und Redakteurin; nicht wegen des Geldes, sondern weil ich nicht aufgeben wollte, was ich mit so viel Einsatz aufgebaut hatte. Und ich mochte das Texten und meine Kunden. Auf keinen Fall wollte ich sie verlieren – mit der Folge, dass ich immer mehr arbeitete. Die Vollzeitstelle nahm etwa fünfundvierzig Stunden in der Woche ein, allerdings kamen noch die Fahrzeiten dazu. Von der Haustür unserer Wohnung waren es mit Fahrrad oder U-Bahn täglich etwa dreißig Minuten zur Arbeit – und dreißig zurück. Macht fünf Stunden pro Woche. Meine Freiberuflichkeit schwankte zeitlich zwischen zehn und zwanzig Wochenstunden.

Drei Jahre nachdem wir in Berlin angekommen waren, musste ich mir eingestehen: Ich war nicht mehr neugierig und voller Tatendrang, sondern von der vielen Arbeit genervt, gestresst und müde. Es wirkte auf mich, als würde Berlin immer lauter werden. Nicht mal nachts war es still. Wir hielten die Balkontür jetzt meist geschlossen. Es war trotzdem laut. Ich schlief wenig und hatte irgendwann das Gefühl, fast nur noch zu arbeiten.

Morgens fuhr ich mit dem Fahrrad auf dem Weg ins Büro an Arbeitslosen vorbei, die vor dem *Netto* ihr erstes Bier tranken. Scherben von den Partys der Nacht lagen auf dem Boden. Ich hatte ständig Angst um Twix, der sich daran die Pfoten aufschneiden oder von den vielen freilaufenden großen Hunden angefallen werden könnte. Auf der Arbeit wechselten wir in ein Großraumbüro. Plötzlich gab es keinen Rückzugsort mehr vor den Geräuschen. Ich saß nur noch vorm Computer. In meinen Ohren rauschte es, meine Haut war schlecht, ich fühlte mich schwach, krank, leer. Trotzdem kam es für mich damals nicht in Frage, meine Arbeit zu reduzieren – ich war Verpflichtungen eingegangen, wollte zuverlässig sein, und trotz allem machte mir das Schreiben weiterhin Spaß.

Noch immer gab es ab und zu schöne Abende mit den Nachbarn, aber die Themen hatten sich geändert: Statt über Politik und Umweltschutz zu diskutieren, drehten sich die Gespräche immer häufiger um Kinder und Familie. Anton und ich wollten keine

Kinder haben. Ich hatte fast Angst davor, mir damit noch mehr Verantwortung und Stress aufzuladen. Und ich konnte es nicht nachvollziehen, als eine alte Freundin sagte, dass Kinder ihrem Leben endlich einen Sinn gegeben hatten. Ich mag Kinder. Aber wie sollen sie der Sinn des Lebens ihrer Eltern sein? Woher sollen die kleinen Kerlchen denn wissen, was der Sinn ist, wenn nicht einmal ihre Eltern es wissen? Das brachte die Sinnsuche aus meiner Sicht keinen Schritt weiter, sondern verschob das Problem nur auf die nächste Generation. Und es ist ja nicht so, dass wir auf der Welt einen Mangel an Menschen hätten.

So wenig ich meine Freundin verstehen konnte – sie wirkte glücklich. Für sie schien es zu funktionieren, sie schien ihren Sinn gefunden zu haben. Für mich stand allerdings fest: Bei mir würde das nicht klappen. Ich würde noch etwas anderes finden müssen. Da ich mir wegen all der Arbeit aber nicht die Zeit nahm, mich damit zu beschäftigen, was das sein könnte, fühlte ich immer häufiger eine Leere in mir. Wozu das alles?

Eines Abends, als ich mit Anton in unserer Stamm-Pizzeria *Pomodorino* am Petersburger Platz saß, hörte ich mich plötzlich selbst sagen: «Alles, was wir in Berlin bewegen wollten, haben wir niemals wirklich angefangen oder früh aufgegeben. Wir arbeiten fast nur noch, haben so gut wie nie Zeit. Und wenn mal ein Moment lang Leerlauf ist, schlafe ich sofort ein. Mir fehlt die Energie, irgendetwas voranzubringen. Mein Leben ist völlig sinnlos.»

Anton sah mich an. Eine Weile lang sagte er nichts. Ich versuchte, an seinem Gesicht abzulesen, ob ich ihn verletzt hatte. Schließlich hatte er einen wichtigen Anteil an meinem Leben.

«Darüber habe ich auch schon nachgedacht», gestand er dann jedoch überraschend. «Wir haben uns wegschwemmen lassen von all den Angeboten und Gelegenheiten in Berlin. Unsere eigenen Ziele haben wir dabei irgendwann vergessen.»

Ganz ungeplant begannen wir, Bilanz zu ziehen. Wir waren mit dem Ziel nach Berlin gekommen, ein freieres Leben zu führen, mit viel Kunst und Musik. Wie üblich für viele, dem Klischee nach besonders für Wessis, die nach Ostberlin ziehen, hatten wir uns außerdem für eine bessere Welt einsetzen wollen. Ich hatte mir vorgenommen, mich endlich für Tierrechte zu engagieren. Ich bin Vegetarierin, seit ich zwölf bin. Damals hatte ich an der Wursttheke auf einmal verstanden: Fleisch zu essen bedeutete, dass ein Lebewesen getötet wurde. Allerdings war ich bisher immer zu bequem gewesen, darüber hinaus für Tiere aktiv zu werden. Und das, obwohl ich finde, dass unser Verhalten Tieren gegenüber eines der drängendsten Probleme unserer Zeit ist: Alleine der Fleischindustrie fallen jährlich Millionen von Tieren zum Opfer, und die meisten sehen über die Bedingungen hinweg, unter denen Hühner, Schweine und Rinder bis dahin leben. Sie möchten sich lieber nicht damit beschäftigen, woher das Fleisch kommt – und welche Auswirkungen das nicht nur für die Tiere, sondern auch für unsere Umwelt, zum Beispiel das Klima, und damit nicht zuletzt für uns Menschen hat.

In Berlin, hatte ich gedacht, wäre es für mich einfacher, mich endlich mit dem Thema zu beschäftigen. Es lag fast auf der Hand: Wenn man in Friedrichshain-Kreuzberg oder im Prenzlauer Berg vor die Tür tritt, reihen sich die veganen Cafés und Restaurants aneinander, die Supermärkte führen zahlreiche vegane Produkte. Der Unterschied zu München war krass. In der bayerischen Hauptstadt hatte ich – sehr naiv – einmal in einem Burgerladen nach einem Cheeseburger ohne Fleisch gefragt.

«Du willst also eine Käsesemmel?», kam als Frage zurück, und ich hatte doch laut lachen müssen. In Berlin lautete die Gegenfrage: «Vegetarisch oder vegan? Mit Soja, Seitan oder Lupinen?»

Während einer unserer Münchner Freunde den Tierrechtsbestseller «Tiere essen» von Jonathan Safran Foer in unserem Bücher-regal für ein Kochbuch gehalten hatte, lieferten uns unsere neuen Berliner Freunde Denkanstöße, die uns dazu brachten, auch unser Verhalten zu hinterfragen. Aber was war daraus geworden?

Wir hatten in den letzten Jahren viel erlebt. Berlin hatte uns viel gegeben, war inspirierend gewesen. Aber geschaffen hatten wir trotzdem nichts, auf das wir langfristig stolz waren. Verbessert hatten wir rein gar nichts: Wir waren zwar immer noch Vegetarier, doch für unseren Konsum mussten weiterhin Tiere leiden, z. B. für Eier und Milchprodukte. Wir produzierten außerdem täglich neuen Plastikmüll, und unsere Lebensmittel wurden über ewig lange Strecken in den Supermarkt gekarrt – was den Klimawandel vorantrieb, die Eiskappen schmelzen ließ, zu Überschwemmun-gen und Dürren in Dritte-Welt-Ländern führte, Flüchtlinge dazu zwang, ihre Länder zu verlassen … Unser Leben schadete der Um-welt, Tieren und Menschen. Wir hatten nicht wie geplant unser Leben geändert, sondern unser Ändern gelebt: Wir hatten das Freie, Schöpferische inszeniert, statt wirklich etwas auf die Beine zu stellen. Die Stadt lieferte uns rund um die Uhr Angebote; wir hatten uns berieseln lassen und höchstens unsere Meinung dazu abgegeben. Noch dazu erledigten wir mittlerweile statt zu erleben. Wir hatten immer etwas zu tun und ließen uns von To-do-Listen regieren.

Anton war neununddreißig, ich war fünfunddreißig Jahre alt. Ich betrachtete Anton, dann die Kerze zwischen uns.

«Kann man in unserer Zeit denn nicht mehr so leben, dass man anderen mehr hilft als ihnen zu schaden?», fragte ich. Anton seufzte. Seine blonden Locken fielen ihm ins Gesicht. «Ehrlich ge-sagt haben wir es doch nicht mal ernsthaft versucht», brachte er unsere Lage auf den Punkt. «Ich bin auch nicht glücklich damit», gab er dann leise zu. Nun war es raus.

Das Problem war eindeutig: Wir taten nichts Sinnvolles. Nichts, das nachhaltig etwas zum Guten wenden könnte, sei es für Menschen, die Umwelt oder die Tiere. Wir gingen zur Arbeit, kamen nach Hause und arbeiteten weiter. Zwischen den Jobs gingen wir essen, weil wir zu müde zum Kochen waren, und ab und zu rissen wir uns zusammen, um mal wieder mit Freunden zu feiern. Danach waren wir noch müder. Unsere Arbeit trug nicht wesentlich dazu bei, dass sich irgendetwas in der Gesellschaft verbesserte – vielleicht sogar im Gegenteil.

Unsere Leben waren konsumgesteuert. Wenn wir einmal einen Moment lang Luft hatten, kauften wir etwas. So scrollte ich abends nach der Arbeit manchmal minutenlang mit dem Handy ziellos bei *Zalando* oder *Amazon* durch die Angebote – statt mich mit Anton zu unterhalten. Auch Anton shoppte viel. Wir hatten das Gefühl, uns für die viele Arbeit irgendwie belohnen zu müssen. Und nach dem täglichen Megapensum hatten wir ehrlich gesagt auch einfach nicht mehr die Energie, etwas anderes zu tun. Aber: Der Konsum gab uns nicht die Energie zurück, die die Arbeit kostete. Und wir mussten wiederum viel arbeiten, um weiter in der Form konsumieren zu können. So liefen wir uns immer müder. Bei dem ganzen Prozess entstand nichts, das einen bleibenden Sinn gehabt hätte – weder für uns persönlich noch für die Gesellschaft.

Als wir an diesem Abend auf unsere Leben zurückschauten, hatte ich das Gefühl, dass wir die ganze Zeit wie betäubt gewesen waren, und es jetzt zum ersten Mal bemerkten. Die Stimmung war ruhig, gefasst, und es fühlte sich gut an, die Leere anzusprechen, die sich hinter all dem Lärm unseres Stadtlebens angesammelt hatte.

Es hatte keine Vorwarnung für diesen Abend gegeben. Ganz plötzlich hatten wir festgestellt, wie wenig wir bisher das getan hatten, was aus unserer Sicht wirklich wichtig war. Das wollten wir ändern, denn wir wollten gern ein sinnvolles Leben führen. Nur was sollten wir tun? Und wie? Um ehrlich zu sein: Wir hatten keine Antwort. Außer die, dass sich etwas ändern musste.

Gleichzeitig hatten wir beide Angst, dass die Erkenntnisse dieses Abends folgenlos bleiben und wir wieder unsere fremdgesteuerten Leben im geistigen Dämmerzustand aufnehmen würden. Um unsere eigene Glaubwürdigkeit zurückzugewinnen, wollten wir – auch uns selbst – zeigen, dass es uns ernst war und wir nicht einfach nur reden und dann so weitermachen würden wie bisher. Wir begannen deshalb sofort mit dem Ausbruch aus dem Konsumprozess, der uns die Energie nahm, etwas auf die Beine zu stellen: Nur wenige Tage später kündigten wir mit großer Geste unsere festen Jobs. Als hauptberufliche Freiberuflerin würde ich zwar weniger Geld, dafür aber wieder mehr Kontrolle über meinen sonst mittlerweile recht fremdgesteuerten Alltag bekommen, hoffte ich. Und ich würde meine Zeit wieder selbst einteilen können.

Viele aus unserem Freundeskreis verstanden nicht, dass ich den sicheren, gutbezahlten Job einfach so aufgab. Ich selbst aber hatte keine Zweifel daran, dass meine Entscheidung richtig war. Wahrscheinlich half dabei, dass ich vorher jahrelang selbständig gewesen war und wusste, wie ich an Aufträge kam. Im Grunde hatte ich ja nie damit aufgehört und meine Selbständigkeit abends nach dem Job im kleineren Rahmen weitergeführt. Und irgendwo musste man schließlich ansetzen, wenn es einem ernst damit war, dem Hamsterrad zu entkommen. Ich war müde und hatte das Gefühl, mit dem Rücken zur Wand zu stehen. Um sich freizukämpfen, bleibt manchmal nur die Flucht nach vorn.

Und noch etwas anderes wurde uns klar: In Berlin würde es uns nicht gelingen, etwas auf die Beine zu stellen, das die Welt ein Ministückchen verbessern könnte. Hier bekamen wir so viel

Input, dass wir uns selbst nicht mehr hören konnten. Doch man muss sich selbst wahrnehmen können, um etwas produktiv zu erschaffen. Wir mussten also raus! Weg aus Berlin! Allerdings war da noch die Wohnung samt Kredit. Und so kam es, dass unsere Wohnung etwa eine Woche nach dem denkwürdigen *Pomodorino*-Abend, und nachdem wir auf dem Balkon eine Flasche Rotwein geleert hatten, auf *immobilienscout.de* zum Verkauf stand.

Am nächsten Morgen wachte ich auf, als Anton von seiner Morgenrunde mit Twix zurückkam. Ich döste, bis er in der Küche fertig war und mir Kaffee und ein Croissant auf die Hochetage schob. Dann checkte ich meine Mails. Ich hatte über Nacht siebenundfünfzig neue Nachrichten bekommen. Alles Wohnungsinteressenten. Innerhalb der letzten drei Jahre war der Wohnungsmarkt in Berlin explodiert. Von überall wollten Leute hierherziehen. Die Niedrigzinsphase, über die ich in meinem Job so oft geschrieben hatte, trug ihr Übriges dazu bei, dass viele Menschen auf Immobilien als Kapitalanlage setzten. Ich beantwortete alle Mails, und wir putzten die Wohnung wie nie zuvor. Einzelne Möbel, die unserer Meinung nach nicht ins Gesamtbild passten, stellten wir unter den Balkon oder zu den Nachbarn. Dann kam der Ansturm. Während sich eine Gruppe im Wohnzimmer den Energieausweis und die Papiere der letzten Eigentümerversammlung ansah, prüfte eine andere auf dem Balkon die Aussicht. Anton zeigte einem Herrn aus Dresden den Keller. Ich stand mit Magda und Andi, einem jungen Paar aus Bayern, im Flur.

«Wir nehmen sie», sagte Magda. Sie hatten bisher nur die Küche gesehen.

«Wollt ihr nicht noch den Rest anschauen?»

«Vorher hätten wir gern die Zusage, dass wir die Wohnung kriegen», sagte Andi.

Wir verkauften die Wohnung an Andi und Magda – weil sie

uns sympathisch waren, aber auch, weil sie mit ihrer spontanen Entscheidung genau das Bauchgefühl mitbrachten, das uns selbst durch die viele Arbeit in Berlin verlorengegangen war.

Alles ging so schnell, dass wir gar nicht dazu kamen, Wehmut, Angst oder Vorfreude zu empfinden. Wir waren in den letzten Jahren zu Menschen geworden, die unter ständigem Zeitdruck arbeiteten und die niemals endende Liste mit Aufgaben abhakten, ohne groß darüber nachzudenken. Wir hatten inzwischen nicht mehr den Bezug zu uns selbst, um dabei viel zu fühlen, schon gar nicht etwas, das uns hätte aufhalten können. Was uns antrieb, war der schlichte Gedanke, dass sich in unseren Leben etwas ändern musste. Wir brauchten eine Veränderung, um wieder wirklich zu leben. Und diese war jetzt ins Rollen gekommen. Unaufhaltbar.

Natürlich wollten Andi und Magda, dass die Wohnungsübergabe so schnell wie möglich stattfand, und wir setzten ein Datum für unsere Abschiedsparty fünf Wochen später fest. Alle waren erstaunt, wie schnell es ging. Unsere kleine Wohnung war noch ein letztes Mal voll mit unseren Freunden. Dario hatte italienische Pasta gemacht. Dazu gab es verschiedene Häppchen und Salate – und natürlich jede Menge Getränke. Es war ein schöner Abend. Wir feierten die Freiheit, ohne genau zu wissen, wohin es gehen würde. Unsere Freundin und Nachbarin Isabelle hielt sogar eine Rede für uns. Obwohl unser Plan in ihren Ohren völlig verrückt geklungen haben musste – in erster Linie deshalb, weil es gar keinen gab, – war sie ermutigend und positiv: «Ihr werdet schon das Richtige finden! Wir werden euch auf jeden Fall oft besuchen und sind für euch da, egal, wohin es euch verschlägt», sagte sie am Ende.

Ich hatte Tränen in den Augen. Als ich sie jetzt alle beisammen sah, kamen mir plötzlich zum ersten Mal doch Zweifel, ob unsere Entscheidung richtig gewesen war. Wir hatten verdammtes Glück gehabt, so tolle Freunde gleich in der Nachbarschaft zu haben.

War es verwöhnt, naiv oder gar arrogant, dass wir das einfach aufgaben? Doch jetzt führte kein Weg mehr zurück.

Unsere Freunde halfen uns, die meisten unserer Möbel und Bücher in einem Lagerraum auf acht Quadratmetern zu verstauen. Einen ganzen Tag lang bildeten Isabelle, Julien, Regina, Dario und Juha mit uns eine Kette, um unsere Umzugskisten in den Transporter zu schaffen, zum Lagerhaus zu fahren und sie dort wieder auszuladen. Wir behielten jeder einen Koffer, eine Matratze, das Hundebett, die Laptops, Fahrräder und vom Balkon einen Bananen- und einen Olivenbaum. Was nicht in den Lagerraum gepasst hatte, stellten wir auf die Straße. Drei Stunden später war alles weg.

Es war mittlerweile Oktober. Uns hielt nun nichts mehr in Berlin, wir hatten nicht einmal mehr eine Bleibe hier. So mieteten wir ein Wohnmobil, um den Ort zu finden, an dem wir etwas Sinnvolles tun konnten. Das klang romantisch. Ich stellte mir vor, wie ich meine Füße aus dem Beifahrerfenster eines Bullis strecken würde. Die Sonne schien, und der Fahrtwind kitzelte meine Zehen.

Überraschenderweise war das billigste Wohnmobil gleichzeitig das größte. Es versprühte eher die Atmosphäre eines Kreuzfahrtschiffs als die erhoffte Bulliromantik, aber es war praktisch. Wir hatten ein großes Büro mit Satellitenanlage, das sogar einen neutralen Hintergrund für Video-Telkos mit Kunden lieferte. Außerdem gab es eine Küche mit Herd und Kühlschrank, ein Schlafzimmer, ein zweites Bett über dem Fahrersitz, das wir als Stauraum verwenden konnten, eine Dusche und eine Toilette. Letztere würden wir nie benutzen. Über Hotspots auf unseren Handys konnten wir von überall aus ins Internet.

Wir parkten das Schiff vor unserer Haustür in Berlin und luden unsere wenigen Sachen ein. Die Nachbarn kamen zur Besichtigung unseres neuen Zuhauses, und der Abschied fiel mir nun doch schwer. Am Ende wusste ich gar nicht mehr, was ich sagen sollte. Ich hatte einen dicken Kloß im Hals. In den letzten drei Jahren waren die Nachbarn gute Freunde geworden.

«Wir kommen euch besuchen, wo immer es euch auch hin verschlägt», versprach Isabelle erneut.

«Ja, sucht euch auf jeden Fall eine Bleibe mit Gästezimmer. Wir kommen alle», meinte Regina.

«Große Küche geht sonst auch», sagte Dario. «Ist wichtiger.»

Während wir alle ein letztes Mal umarmten, lief Twix aufgeregt herum und beschnupperte jeden Winkel seines neuen mobilen Reviers.

Die Kochhannstraße lag in Herbstsonne getaucht, als wir schließlich Richtung Südwesten aufbrachen. Wir wollten als Erstes bei meiner Mutter in Heidelberg haltmachen. Süddeutschland, dachten wir, hat außerdem schöne Landschaften. Vielleicht fanden wir dort den Ort, an dem wir etwas Sinnvolles tun konnten. Und es wurde höchste Zeit, «etwas Sinnvolles» zu definieren.

Meine Mutter ist in vielem das Gegenteil von mir – positiv gemeint. Sie ist eine pensionierte Lehrerin, beständig, sicherheitsorientiert und hat immer einen Plan. Als wir in Heidelberg ankamen, hatte sie für das Wohnmobil schon einen sicheren Parkplatz vor einem Seniorenheim organisiert.

«Ich habe das genau geprüft, da schaut immer jemand aus dem Fenster, der alles beobachtet. Ist quasi wie ein überwachter Parkplatz! Mit den Eigentümern habe ich schon gesprochen. Und ich dachte, wenn ihr hier eng einschlagt, könnt ihr gut einparken.»

Keine Frage, für meine Mutter muss unser «Plan» völlig skurril geklungen haben. Andererseits war sie von mir auch schon einiges gewöhnt und hatte gelernt, dass es für unser Verhältnis am besten war, wenn sie ihre Wertmaßstäbe nicht an meine Entscheidungen anlegte. So goss sie sich erstmal ein Glas Weißwein ein und setzte sich mit uns in die Küche, wo wir traditionell unsere Familienangelegenheiten besprechen.

«Ihr wollt also etwas Sinnvolles machen», brachte sie es auf den Punkt. Es war derselbe Tonfall, in dem sie vor vielen Jahren gesagt hatte: «Du willst also dein Studium erstmal unterbrechen und als Erntehelferin in Australien arbeiten.» Oder: «Du willst also nicht ins Referendariat gehen, sondern freie Autorin werden.» Oder: «Du willst also diesen aggressiv schauenden Hund aus einem Tierlager in Kroatien adoptieren, weil er dich auf dem Foto irgendwie berührt hat.» Ich hatte trotz der in diesen Sätzen nur leidlich versteckten Irritation jeden dieser Pläne umgesetzt. Doch mit ihrem Tonfall fragte meine Mutter indirekt zu Recht danach, was genau wir denn machen wollten und ob das denn durchdacht war. Durchdacht war es – das musste ich zugeben – nicht. Aber kann man einen echten Aufbruch überhaupt vorher durchdenken? In unseren alten Leben hätten wir dazu nie die Zeit, die Energie und den nötigen Abstand gehabt. Die einzige Möglichkeit war doch, mit seinen Überzeugungen Ernst zu machen und darauf zu vertrauen, dass sich etwas entwickeln würde. Nur war unsere Überzeugung, etwas «Sinnvolles» machen zu wollen, recht vage. Aber ich bemerkte, dass ich noch eine Abneigung dagegen empfand festzulegen, was genau es sein könnte. In letzter Zeit war so viel auf einmal passiert; ich hatte das Gefühl, ständig unter Druck zu stehen. Jetzt wollte ich durchatmen, in Ruhe darüber nachdenken, einfach keinen Fehler machen und etwas als Lösung darstellen, das es dann vielleicht doch nicht war. Die Fragen meiner Mutter nach dem Was und Wo blieben letztlich unbeantwortet, sodass wir uns fast etwas gehetzt fühlten, darauf jetzt aber schnell Antworten zu finden.

Nach dem Besuch bei meiner Mutter fuhren wir in den Schwarzwald. Wir übernachteten dort auf Rast- oder Campingplätzen, gingen viel mit Twix spazieren, besichtigten die Umgebung und arbeiteten vom Wohnmobil aus. Anton erzählte seinen Kunden nicht, wo er programmierte – er verheimlichte es auch nicht, sondern machte es einfach nicht zum Thema. Es schien niemandem aufzufallen. Meine Kunden wussten hingegen Bescheid. Ein Problem war es für sie nicht.

Für Anton und mich waren diese ersten Wochen ein guter Test: Wenn es so einfach war, vom Wohnmobil aus zu arbeiten, konnten wir beruflich gesehen überall hingehen – vorausgesetzt, wir hatten einen einigermaßen schnellen Internetanschluss. Weil uns die Landschaft im Schwarzwald gefiel, sprachen wir deshalb jetzt immer öfter darüber, aufs Land zu ziehen. Vor meinem inneren Auge sah ich einen Weidenkorb voller Äpfel, der von einzelnen Sonnenstrahlen beschienen unter einem knorrigen Baum im Gras stand und an dem pickend ein glückliches Huhn vorüberging. Aber war an dieser romantisierten Vorstellung etwas sinnvoll?

Über ein ökologisch verantwortungsvolleres Leben hatten wir in Berlin hingegen schon oft gesprochen. Ich besaß alles, was es an Aussteigerbüchern auf dem Markt gab. Mir gefiel die Idee, mein Gemüse selbst anzubauen, um die Umwelt zu schonen. Keine Pestizide, die Tiere töteten und der Natur schadeten, keine umweltschädlichen Transportwege, kein Plastikmüll. Für ein Paar, das mitten in Berlin gelebt hatte, hatten wir in unseren Bücherregalen erstaunlich viele Exemplare über Landwirtschaft. Von Sepp Holzers «Permakultur» und John Seymours «Das neue Buch vom Leben auf dem Lande», «Das große Buch der Selbstversorgung», «Tiere halten hinterm Haus», «Hühner in meinem Garten» inklusive dem Bau von Hühnerställen, «Minischweine – Haltung, Pflege, Erziehung», bis hin zu «Der eigene Wald» hatte ich mir in den letzten Jahren eine Sammlung von bestimmt fünfzig Landwirtschafts- und Selbstversorgerbüchern zugelegt. Ich hatte sie in meinen Konsumanfällen aus einer Sehnsucht nach etwas Bodenständigerem heraus gekauft. Es hatte mich irgendwie beruhigt zu sehen, dass dadraußen ein geerdeteres Leben stattfand. Die Bücher waren eine Art Flucht in eine Welt, die weniger durch Leistung und Druck geprägt war, die mir weniger kompliziert erschien und näher an der Natur war. Vielleicht hatte auch mein schlechtes Gewissen mitgespielt, mich in Berlin nicht stärker für Tierrechte eingesetzt zu haben. Über die Bücher konnte ich mich zumindest über die Bedürfnisse und Haltung der verschiedenen Tierarten informieren. Die meisten Bücher hatte ich von *Amazon* direkt ins Büro schicken lassen, sehr zum Vergnügen meiner Kollegen. Sie dachten sicher, ich sei verrückt geworden. Unser Balkon hatte ja nur etwa sechs Quadratmeter. An stressigen Tagen war ich manchmal schon in der Mittagspause zu *Dussmann* gelaufen, um zu sehen, ob es wieder etwas Neues dazu gab. Doch wenn ich ehrlich bin: Die meisten Bücher hatte ich nicht wirklich gelesen, dafür fehlte mir die Zeit. Ich blätterte sie nur vor dem Einschlafen durch, las hier ein paar Zeilen, betrachtete dort ein paar Bilder. Erst jetzt fiel mir auf, wie merkwürdig dieses Verhalten für eine Städterin war.

Praktisch hatten Anton und ich erst recht keine Erfahrung mit dem Selbstversorgen. Vor vielen Jahren hatten wir in einem Sommer mal ein paar Wochen bei einer Selbstversorgerin an der Loire gewwooft. *Willing Workers on Organic Farms* (Wwoofer) sind Leute, die für Kost und Logis in ökologischen Landwirtschaftsbetrieben arbeiten. Die Dame, bei der wir gewohnt hatten, baute alles, was sie aß, komplett selbst an. Ihr kam dabei entgegen, dass sie Vegetarierin war und deshalb an Tieren nur Hühner für die Eier, zwei Ziegen für die Milch und einen Esel für den Dünger hielt. Wir hatten bei ihr hauptsächlich im Garten gearbeitet und bei den Tieren sauber gemacht.

Weil uns ihr Lebensentwurf fasziniert hatte, hatten wir später eine Weile lang einen Schrebergarten im Norden von München gepachtet und dort Gemüse angebaut. Allerdings herrschte dort eine wahre Überwachungsstimmung, und ein Nachbar las uns regelmäßig lange Listen vor, was wir alles falsch machten und anders zu handhaben hatten. Einer unserer Bäume zum Beispiel war angeblich immer ein paar Zentimeter zu hoch, egal, wie oft wir ihn zurückschnitten. Außerdem versuchte der selbsternannte Regelwächter, uns gegen die türkische Familie aufzuhetzen, deren Parzelle auf der anderen Seite an unsere angrenzte. Die Familie veranstaltete regelmäßig Grillpartys. Wir mochten sie und legten uns mit dem Kontrollfreak einmal ziemlich an. Nach nur einer Saison beschlossen wir, das Schrebergarten-Projekt aufzugeben.

Aus unseren Gesprächen im Wohnmobil wuchs langsam eine Idee: Vielleicht könnten wir uns mit dem Geld aus dem Wohnungsverkauf und einem Kredit einen kleinen Hof kaufen! Wir könnten unser Gemüse selbst anbauen und Tieren ein gutes Zuhause geben. Vielleicht erstmal ein paar Hühnern, dann hätten wir auch eigene Eier. Natürlich würden unsere Hühner viel Platz haben und alle bis zu ihrem natürlichen Lebensende bei uns bleiben. Wenn wir weniger konsumierten, müssten wir außerdem weniger arbeiten. Wir hätten mehr Zeit, um selbst kreativ zu sein und Ausflüge in die Natur zu unternehmen, zum Beispiel Wanderungen mit Twix. Wir könnten einen Ort schaffen, an dem wir ein selbstbestimmtes und freies Leben führen könnten, statt wie bisher fremdbestimmt und durch ständige Angebote von außen gelenkt zu leben. Und plötzlich hatten wir unsere Definition für «etwas Sinnvolles tun»: so leben, dass man anderen möglichst wenig schadet und möglichst viel hilft. Und mit «anderen» meinten wir nicht nur Menschen, sondern auch Tiere und die Natur.

Mich erinnerte diese Definition an mein Philosophiestudium. Damals war Peter Singer mein großes Vorbild gewesen.

Der australische Philosoph überlegte bei allem, was er tat, ob es mehr nutzte als es schadete. So fand er es zum Beispiel nicht richtig, Fleisch zu essen, weil der Nutzen nur in einem kurzen Geschmackserlebnis lag, der Schaden aber ein ganzes Leben vernichtete. Aber war der Mensch nicht trotzdem wichtiger als ein Tier? Auch hier war Peter Singer konsequent: Ob Mensch oder Tier, Mann oder Frau, schwarz oder weiß – das alles war ethisch gesehen unwichtig. Wichtig war dagegen, wie viel Interesse jemand an etwas hatte. War das Interesse des Schweins an seinem Leben größer oder kleiner als mein Interesse, es eben schnell zu essen? Nehmen wir an, dass eine Garnele weniger interessiert an ihrem Leben ist, als ich daran, sie zu essen – dann konnte ich sie guten Gewissens verspeisen. Peter Singer war sich dessen jedoch nicht sicher. Deshalb ließ er es vorsichtshalber sein.

Unser Umgang mit Fleisch war nur ein Beispiel; den Ansatz konnte man auf jede ethische Entscheidung anwenden. So könnte ich überlegen, ob es mir mehr nutzt, einen billigen Pullover zu kaufen, als es den Menschen, die ihn produziert haben, schadet, weil sie ihn unter schlechten Arbeitsbedingungen herstellen mussten. Das Problem: Wie sollte ich das in Erfahrung bringen?

Das konnte ich im Grunde doch nur, wenn ich den kompletten Entstehungsprozess kannte – weil ich dabei war. So war dieser Ansatz auch eine radikale Antwort gegen die Entfremdung von den Dingen, die wir konsumierten, und den Folgen unserer Entscheidungen. Denn wahrscheinlich würden Menschen die Kleidung bestimmter Marken nicht kaufen, wenn sie in ihrem direkten Umfeld sehen würden, unter welchen furchtbaren Bedingungen die Arbeiter sie herstellen mussten. Und wir würden keine Kriege befürworten, wenn wir den Menschen, die darunter leiden müssten, nahestehen würden. So ist es – zurück zum Fleischbeispiel – leicht, ein Tier zu essen, das man nie gesehen hat. Die Packung Hühnerfleisch im Supermarkt erinnert schließlich nicht mehr daran, dass das rosa-weißliche Stück unter der Plastikfolie einmal ein Tier gewesen ist. Und eine ganze Gesellschaft spielt mit: Wir nennen es «Fleisch» statt Tier, betreten nie einen Schlachthof und betrachten es als normal, dass wir sogenannten Nutztieren viel Leid zufügen, bevor wir sie letztlich töten. Ich bin überzeugt, dass sich diese Art des Umgangs nicht entwickelt hätte, wenn wir im Alltag nicht so weit von diesen Lebewesen entfernt wären. Viele unserer gesellschaftlichen Probleme haben meiner Ansicht nach damit zu tun, dass wir zu wenig mit den Folgen unseres Verhaltens konfrontiert werden. Die Überlegungen von Peter Singer lassen eine solche Entfernung nicht zu. Und im Endeffekt kann man in vielen Fällen eben doch beurteilen, ob bei den eigenen Handlungen der eigene Nutzen oder der entstehende Schaden größer ist.

So einfach das klingt, für mich geht das an die Grundfeste unserer Gesellschaft. Es macht uns zu dem, was wir «menschlich» nennen: die Möglichkeit, moralisch gute Entscheidungen zu treffen.

Wenn wir unsere Nahrung selbst anbauten und die Tiere bei uns lebten, würde es für Anton und mich keine solche Entfremdung mehr geben. Wir hätten frisches Gemüse und nicht einmal einen Schaden für die Umwelt durch lange Transportwege und Plastikverpackungen. Wir hatten zwar kaum praktische Erfahrung mit Landwirtschaft oder Landleben, aber wir wollten, dass unsere Vorstellung davon möglich wäre. Ich hoffte damit insgeheim nichts weniger, als dass es mir gelingen würde, unschuldiger zu leben, als Anton und ich es in unseren bisherigen Leben gewesen waren. War ein unschuldiges Leben heutzutage überhaupt möglich? Ich wusste es nicht. Aber ich wollte gern herausfinden, wie weit ich in diese Richtung gehen könnte. Wir begannen, Höfe in Süddeutschland zu besichtigen.

31

Wir schauten uns ein Jagdhaus an, in dem wir Champignons hätten züchten können – sogar im Wohnzimmer. Wir nahmen an der Begehung einer Achatschleife teil, die unter Denkmalschutz stand – mit fünf Hektar Land darum. Und wir schauten einen riesigen Schwarzwaldhof an, der allein mit einem Skilift auf einem Berg stand. Es gab Löcher im Boden, der Putz fiel von den Wänden, und der Preis lag bei einer halben Million Euro. Der Makler nannte den Preis, als wäre das nichts, und ließ seinen SUV an. Unser Wohnmobil hätte es durch den Schnee nicht bis zum Hof gepackt. Ich warf Anton, der auf der Rückbank saß, durch den Seitenspiegel einen langen Blick zu. Er erwiderte ihn. Wir hatten das Geld nicht – und keine Bank der Welt würde uns so viel leihen. Wir schauten den Hof sowieso nur deshalb an, weil es nichts anderes gab, das zu unserem wichtigsten Kriterium passte: mindestens 10 000 Quadratmeter Land. Wir hatten gelesen, dass diese Fläche für zwei Vegetarier theoretisch reichen würde, um sich komplett selbst zu versorgen und ein paar Tiere zur Gesellschaft zu halten. Fleischesser brauchen weit mehr, weil sie auch die Nahrung für ihre Schlachttiere anbauen müssen.

Neben den Schwierigkeiten, dieses Kriterium zu erfüllen, hatten wir noch ein zweites Problem: Jeden Tag zog der Winter weiter die Berge ins Tal herunter und erinnerte uns daran, dass wir mit der Entscheidung nicht ewig warten konnten. Während sich der SUV durch die Schneemassen den Berg hinuntergrub, fiel auch meine Stimmung rapide. Ich wollte mich am liebsten nur noch unter einer heißen Dusche aufwärmen, mich danach im Wohnmobil verstecken und Winterschlaf halten. Ich fühlte mich gestresst, weil wir nach all der Arbeit in Berlin noch immer keine echte Pause gehabt hatten – und dabei standen so große Veränderungen bevor. Ich hätte gern mehr Zeit gehabt, innezuhalten und wirklich nachzudenken. Ich wartete noch auf den perfekten Moment, in dem plötzlich alles klar sein, unser neues Leben scharf umrandet vor uns liegen würde. Aber der kam nicht. Es war wie immer: Das Leben setzt sich aus kleinen Entscheidungen zusammen, die man einfach so, Tag für Tag trifft, ohne dass man die Gelegenheit hatte, viel darüber nachzudenken.

Und nun stand ich hier, unter der Dusche in den Sanitärräumen auf einem schneebedeckten, leeren Campingplatz im Schwarzwald. Als ich in meinen Flipflops durch den Schnee zurück zum Wohnmobil stapfte, wusste ich: Hier würden wir nicht finden, wonach wir suchten.

Vernünftig ist wie tot – nur vorher

*Wie wir am Ende der Welt ein
Hobbithaus besichtigten*

Unser aktuell dringendstes Problem im Wohnmobil: Es war sackkalt. Und wenn man es verließ, wurde es noch schlimmer. Denn jetzt war es im Schwarzwald richtig Winter. Mit allem, was dazugehörte: Eis, Schnee, Minustemperaturen. Also mussten wir erstmal einen Standort finden, an dem es wärmer war. Wir waren nahe an der Grenze zu Frankreich und auf *wetter.de* sahen wir überraschenderweise, dass in der Bretagne die Sonne schien. Weil Anton gern surfte – auch im Winter –, war er sofort begeistert. Unsere Entscheidung stand fest: Noch heute wollten wir uns gen Westen aufmachen. Also wendeten wir nach einem Arbeitstag im neutralen Wohnmobilbüro den Koloss und schifften uns zwischen den polnischen LKW-Fahrern Richtung Frankreich ein. Damit die Tour für Twix, der schon knapp zehn Jahre alt war, nicht zu anstrengend werden würde, fuhren wir immer nur drei bis vier Stunden am Stück. Dann hielten wir an, gingen spazieren und schliefen auf Rast- oder Campingplätzen. Wir kamen nicht schnell voran, aber mit Bedacht. Dabei passierte etwas: Die Strecke und die Langsamkeit, mit der wir sie zurücklegten, waren genau das, was ich brauchte, um hinter mir zu lassen, was zu viel war. Ich merkte erst jetzt, wie gestresst ich tatsächlich gewesen war. Zu dem aufgestauten Stress in Berlin war die Herausforderung gekommen, meine Selbständigkeit wieder auszubauen. Noch dazu hatten sich doch immer wieder Zukunftsängste gemeldet. Was, wenn wir den

Ort für das sinnvolle Leben nicht finden würden? Oder wenn wir ihn zwar finden, das erträumte Leben sich aber als Albtraum entpuppen würde? Anton und ich sprachen nicht darüber. Wir hatten mittlerweile zu viel aufgegeben, um unseren Plan offen in Frage zu stellen. Wir wollten einfach daran festhalten, glauben, dass es klappen würde. Und immerhin waren wir auf dem Weg. Einen Plan B hatten wir nicht.

An Camping- und Parkplätzen konnten wir jetzt wieder ab und zu unseren Klapptisch ins Freie stellen. Rentner, die im Winter campten, gingen vorbei und lachten, als sie uns dort vor unseren Laptops sitzen sahen. Twix gefiel es, so viel draußen zu sein. Es machte ihm Spaß, das Wohnmobil vor Passanten zu verteidigen, und manchmal spielte er wie ein junger Hund. Mir gefiel das Unterwegssein auch. In diesem neuen Leben war kein Platz für Eitelkeit. Wir duschten, wenn genug Wasser da war oder wir auf einem Campingplatz standen. Meist steuerten wir Campingplätze nur an, wenn der Strom für die Laptops leer war. Ich benutzte kein Make-up, und anfangs erkannte ich mich fast nicht, wenn ich irgendwo an einem Spiegel vorbeikam. In Berlin hatte ich selbstverständlich jeden Tag geduscht und danach Make-up aufgelegt. Das hatte einfach dazugehört. Ich empfand es als ein Stück Freiheit, das jetzt nicht tun zu müssen. Als es nachts einmal kalt wurde, kaufte ich mir einen Pullover im LKW-Fahrershop einer Tankstelle.

Dann erreichten wir Paris. Ich steuerte das riesige Wohnmobil fluchend durch den Stadtverkehr. Anton fuhr es hingegen schon ganz sicher. Ihm als Holländer lag alles rund ums Campen vielleicht in den Genen.

Je weiter wir nach Westen kamen, desto ruhiger wurden wir. Und endlich kamen wir in der Bretagne an. Die Straßen waren jetzt leer. Es gab keine großen Städte mehr, stattdessen wechselten sich Äcker mit Wäldern ab. Die Landschaft gab uns weniger ablenkenden Input. Wir konnten uns wieder mehr selbst wahrnehmen. Zeitlich und räumlich lag der Abschied nun hinter uns, und wir spürten: Jetzt konnte etwas Neues kommen. Vorher erreichten wir am Pointe de la Torche bei Penmarch das Meer.

Anton kannte La Torche gut. Falls einmal alles schiefgehen und wir uns verlieren sollten, hat jeder von uns einen Ort, an dem der andere ihn finden kann. Antons Ort ist La Torche. Er mag das Naturnahe, Wilde dort. Der Ort besteht eigentlich nur aus Strand, Dünen und Meer. Im Winter wirbeln Stürme diese drei ordentlich durcheinander, verwischen die Grenzen zwischen ihnen. Dazwischen fühlt man sich ursprünglich, auf das Existenzielle reduziert und irgendwie leicht, weil einen nichts Unnötiges umgibt und die eigenen Sorgen angesichts der Naturgewalten klein und unwichtig erscheinen.

La Torche war im Winter leer. Im angrenzenden Dorf waren die meisten Häuser verrammelt, die Geschäfte und Cafés geschlossen. Mehrere Wochen lang campten wir auf einem einsamen Parkplatz in den Dünen. Wenn doch mal jemand vorbeispazierte, suchte er nach Algen. Algensoße ist eine bretonische Spezialität.

Anton surfte viel, und ich ging mit Twix am Strand spazieren. Nach der Arbeit hatten wir wieder mehr Zeit zum Reden – etwas anderes gab es hier im Grunde auch nicht zu tun. An einem Abend sagte Anton, er habe das provisorische Gefühl verloren.

«So wie es jetzt ist, könnte es auch längere Zeit bleiben. Was braucht man schon mehr?», meinte er.

«Na ja, auf Dauer würde uns das Wohnmobil wahrscheinlich schon zu eng werden», wendete ich ein. «Du stößt dir ja ständig den Kopf an. Und wir müssen alle drei Tage die Batterie aufladen.»

Ich merkte trotzdem, wie Anton aufblühte. Und dass wir wieder näher zusammenrückten, vielleicht auch gerade durch die Enge im Wohnmobil. Wir kannten uns jetzt seit dreizehn Jahren.

Ich hatte mich in Australien in ihn verliebt. Er war so völlig anders als die Männer, die ich bis dahin kennengelernt hatte. Damals hatte er gerade seinen Job als Informatiker bei *Europol* in Den Haag an den Nagel gehängt: Er war nach Sydney gekommen, um dort zu surfen und zu jobben. Nach sechs Monaten hatte er dann seinen Kram und das Surfbrett in ein uraltes Auto gestopft und war die Ostküste Australiens hochgefahren. In einem Hostel haben wir uns getroffen. Für unser erstes Date fuhren wir in den Regenwald und stellten uns spontan unter einen Wasserfall, der aus einem Felsen weit über uns herunterprasselte. Bis dahin war ich noch nie im Regenwald gewesen. Ich bewunderte, wie radikal und frei Anton war, wenn es darum ging, nach seinen eigenen Überzeugungen zu handeln. Es schien nichts zu geben, was ihn zurückhielt.

Nach unserem Date entschied er spontan, mit mir mitzukommen. Ich hatte schon ein Busticket für mehrere Monate und wollte meine Reisepläne auf gar keinen Fall durch einen Mann umwerfen lassen. Zuvor hatte mein Freund in Deutschland gerade mit mir Schluss gemacht, weil ich mitten im Studium für ein halbes Jahr allein nach Australien geflogen war, um dort als Erntehelferin zu arbeiten. Ich war darüber noch nicht hinweg und wollte mich nicht gleich wieder vom nächsten Mann einschränken lassen. Trotzdem genoss ich von Anfang an Antons Gesellschaft. Es wirkte, als wäre in seiner Nähe viel mehr möglich. Und das schien ihn nicht einmal anzustrengen – im Gegenteil, es schien, als fiele ihm alles leicht. Er war stark, braun gebrannt, durchtrainiert und lachte viel. Er surfte und fuhr gern Mountainbike. Abends spielte er am Strand Gitarre. Zwar war ich kein Fan von Bob Dylan, doch ich mochte Antons Einstellungen. Er war so neugierig, spontan, mitfühlend, unkompliziert, und er suchte – wie ich – nach einem sinnvollen Leben. Dass ich mein Studium unterbrochen hatte, um sechs Monate lang in Australien herumzureisen und auf dem Feld zu arbeiten, war aus seiner Sicht keine Lücke im Lebenslauf. Für ihn war es ein Beweis dafür, dass ich mein Leben selbst lebte und nicht nur vorgegebene Ziele abhakte. Ich wollte die Welt mit Antons Augen sehen! Einfach alles an ihm wirkte auf mich erfrischend.

Nach ein paar Monaten kehrte er in die Niederlande zurück und nahm einen Job als Informatiker bei den *Vereinten Nationen* an. Als ich nach sechs Monaten nach Deutschland zurückkam, ging es mir deshalb – trotz der Freude, meine Mutter und meinen Bruder Johannes wiederzusehen – nicht gut. Ich vermisste Anton. Das Positivste, was mir einfiel, war, dass mir ordentlich Arbeit bevorstand, weil ich das halbe Jahr in Australien im Studium wieder ausgleichen musste. Zumindest wäre ich damit etwas abgelenkt.

Und dann stand er plötzlich da. Mitten im Abholbereich von Terminal 2 des Frankfurter Flughafens. Zwischen den grauen Trolleys, herumeilenden Menschen und Koffern. Hier, in Deutschland, in meinem Alltag, wirkte Anton wie eine Figur aus einem Traum. Doch er war real. Er war nach Deutschland gekommen, um mich wiederzusehen. Ich war glücklich!

Die nächsten sechs Jahre führten wir eine Fernbeziehung. Wir sprachen weiter Englisch miteinander, lernten aber die Muttersprache des anderen. Ich beendete mein Studium in Heidelberg und verbrachte bis dahin alle Semesterferien bei ihm in Den Haag. Später kündigte Anton in seiner typisch radikalen Art aus dem Bauch heraus seinen Job und machte sich in Deutschland selbständig. Wir zogen zusammen. Durch die Fernbeziehung waren wir es gewohnt, an den Wochenenden zu zweit in einem Zimmer zu leben. Die beiden Zimmer unserer recht kleinen gemeinsamen Wohnung waren deshalb für uns Luxus. Räumliche Nähe hat uns eigentlich immer gutgetan.

Anton machte mir Mut, meinen Traum zu verwirklichen und mich als Autorin selbständig zu machen. Als Freiberufler arbeiteten wir meist beide von zu Hause aus – vielleicht hatten wir auch deshalb mit der Enge im Wohnmobil keine Schwierigkeiten.

In Berlin hatten wir hingegen eine Distanz zueinander aufgebaut. Jeder hatte seinen eigenen Alltag gehabt. Tagsüber hatten wir uns aufgrund der festen Jobs nicht mehr gesehen. Abends hatten wir wegen der Zweitjobs oft auch keine Zeit füreinander. Und wenn wir dann mit der vielen Arbeit fertig waren, hatten wir uns häufig beide einfach nur Ruhe gewünscht. Wir sahen einander meist müde, gestresst und manchmal auch schlecht gelaunt, was die Beziehung noch zusätzlich entzaubert hat. So kam es, dass wir uns in Berlin ein Stück weit voneinander entfernt hatten. In den Dünen in La Torche hatten wir endlich die Chance, wieder zueinanderzufinden.

Nachdem wir an einem Abend im Wohnmobil gekocht und gegessen hatten, brach ein schrecklicher Sturm aus. Unser Gefährt war die einzige Erhebung in den Dünen und schwankte hin und her, als würde es gleich umfallen. Der Wind blies Gestrüpp und Äste dagegen, die krachend an die Seiten schlugen. Uns wurde etwas mulmig zumute. Um uns abzulenken, surften wir im Internet nach Höfen, auf denen wir unseren Traum von der Selbstversorgung würden umsetzen können. Irgendwann landeten wir auf der Seite *www.green-acres.com*, auf der französische Höfe zum Kauf angeboten werden. Überrascht stellten wir fest, dass in der Bretagne ein Hof weniger als die Hälfte von dem kostete, was für vergleichbare Höfe in Süddeutschland verlangt wurde. Selbst die Höfe, für die unser Budget reichte, schienen hier hübsch und gut erhalten zu sein. Noch dazu erschien die Umgebung auf den Fotos zauberhaft verwunschen, und Straßenlärm war bei der dünnen Besiedlung sicherlich kein Thema. Das Immobilienangebot mit mindestens 10 000 Quadratmetern Land war riesig. Einer der Höfe im Département Morbihan sah aus wie aus dem Auenland: ein kleines reetgedecktes Häuschen mit großer Wiese und eigenem Wald, insgesamt 13 000 Quadratmeter, abgelegen und mitten im Grünen. Dazu gehörten ein Schuppen und eine romantische Ruine. Der Preis lag unter dem, für den wir unsere Zwei-Zimmer-Wohnung in Berlin verkauft hatten. Im Gegensatz zu Deutschland waren Maklerkosten in den französischen Preisen schon eingerechnet.

Sollte es möglich sein, dass ein kompletter Hof mit Wiese und Wald hier günstiger war als eine kleine Zwei-Zimmer-Wohnung in Berlin? Gab es da einen Haken? Während draußen die Algen durch die Luft wehten, schrieb ich der Maklerin eine Mail und fragte, ob wir den abgelegenen Hof im Auenland besichtigen könnten.

«Es ist ganz einfach zu finden», sagte die Maklerin ein paar Tage später am Telefon in gutem Englisch. «Wo links die Eiche aus dem Dach des alten Backhauses wächst, müssen Sie rechts von der Straße abbiegen. Wenn Sie rechts einen See sehen, wissen Sie, dass Sie zu weit gefahren sind. Kerjégu hat fünf Häuser. Zwei davon sind Ferienhäuser und zurzeit nicht bewohnt, Sie müssten also drei rauchende Schornsteine sehen. Alles alte Steinhäuser. Ihres ist außerhalb am Waldrand. Sie erkennen es am Reetdach.»

Während der Fahrt zogen Felder, Wiesen und kleine Wäldchen draußen vor dem Fenster an uns vorbei. Ab und zu sahen wir auch die riesigen Wellblechhallen von Schweinemastanlagen. Mehr als die Hälfte der Schweine aus der französischen Massentierhaltung leben in der Bretagne. Auch große industrielle Betriebe aus der Geflügelzucht und Kuhhaltung haben sich hier angesiedelt. Wir fuhren an mehreren dieser Betriebe vorbei. Doch von außen sah man nichts. Allenfalls roch man die Schweinemastanlagen.

Einmal sah ich eine Eule, die auf einem Pfahl saß. Ich hatte noch nie zuvor eine Eule in freier Wildbahn gesehen. Mehrmals mussten wir uns mit einem Traktor einigen, der auf der Gegenspur an unserem Wohnmobil vorbeiwollte. Irgendwann grüßten uns die entgegenkommenden Autofahrer, indem sie leicht die Hand vom Lenkrad hoben, wenn sie vorbeifuhren. Wir erreichten den letzten größeren Ort vor dem Reetdachhaus. Pluméliau, 3609 Einwohner bei einer Einwohnerdichte von 53 Einwohnern pro Quadratkilometer, sagte Wikipedia. In Berlin sind es 3 470 000 Einwohner bei einer Einwohnerdichte von 3948 Einwohnern pro Quadratkilometer.

Das Wohnmobil rollte an einer alten Steinkirche vorbei, um deren Kirchturm die Raben kreisten. Hinter der Dorfkneipe kamen wir mit unserem Schiff kaum um die Kurve – und dann waren wir auch schon wieder aus dem Ort draußen. Um uns herum Felder und Wiesen. Als wir rechts abbogen, wurde die Straße noch enger. Auf beiden Seiten standen hohe alte Bäume.

«Meinst du, wir sind noch richtig?», fragte ich Anton.

«Laut Navi ja», sagte er.

Und plötzlich tauchte links eine Eiche auf, die aus einem alten Backhaus wuchs. Sie hatte das Häuschen aus Schiefersteinen nicht nur in der Mitte durchbrochen, sondern hielt es auch mit ihren Wurzeln umschlungen. Ihre gewaltige, knorrige Krone machte mir bewusst wie selten zuvor, welche große Kraft die Natur doch hatte. Aus meiner Einschlaflektüre wusste ich, dass Eichen nach den ersten Jahrzehnten nur noch wenige Millimeter im Jahr wuchsen. Stieleichen gab es nur deshalb in dieser Höhe, weil sie uralt wurden. Manche wurden über 1000 Jahre alt. Die Backhauseiche musste bei der Größe sicher 500 Jahre zählen.

Wir bogen rechts ab und waren in Kerjégu angekommen: neun Einwohner, davon fünf, die ihre Häuser nur in den Ferien bewohnten. Eine Einwohnerdichte also von weit unter einem Einwohner pro Quadratkilometer. Das sagt allerdings nicht Wikipedia, denn Kerjégu hat dort keinen Eintrag.

Drei alte Steinhäuschen steckten die Köpfe zusammen, ein weiteres lag etwas abseits. Sie sahen malerisch, aber unbewohnt aus. Dahinter blieben wir stecken. Den Grasweg, der vom Minidorf zum reetgedeckten Haus führte, umgaben zu beiden Seiten Bäume, die oben wie ein Tunnel zusammengewachsen waren. Zu niedrig für unser Wohnmobil. Wir parkten im verlassenen Hof eines der Steinhäuser und gingen zu Fuß weiter. Am Ende des Wegs sah ich schon das Haus mit dem Reetdach. Ich dachte an Gandalf, wie er in «Der Herr der Ringe» zum ersten Mal ins Auenland kommt. Nur das Feuerwerk fehlte.

Neben einem Gartenhäuschen stand ein uralter Brunnen. Das Haupthaus war aus Schiefer- und Granitsteinen aufgetürmt, sehr urig und bewachsen. Es hatte so viel Charakter, dass es fast lebendig wirkte. In den Granit über einem kleinen Holzfenster rechts vom Haupteingang hatte jemand «1818» eingraviert. Über dem Haupteingang stand eine alte Schrift, die wir nicht lesen konnten. Die Maklerin, die uns französisch mit Küsschen begrüßte, wusste auch nicht, was dort stand. Die Eigentümer erklärten, dass die Buchstaben den Satz «BATIS DU TEMS DE JULIEN CABEDOCE ET OLIVE HAMONIC» bildeten, also die Namen der Erbauer nannten.

Der Eingang war so niedrig, dass Anton den Kopf einziehen musste. Ich passte gerade so durch. Innen war direkt das Wohnzimmer. Bis zur Hälfte des Raumes waren dicke Balken eingezogen. Darauf lag eine Galerie mit einem Schlafzimmer und einem Bad. Unter der Galerie war früher der Stall gewesen, jetzt stand dort eine hübsche Landhausküche. Sie hatte eine alte Holztür nach draußen, bei der man die obere Hälfte einzeln öffnen konnte. Ich stellte mir vor, wie hier früher die Kühe ihre Köpfe herausgestreckt hatten.

Anton konnte unter der Galerie nicht überall aufrecht stehen. Die andere Hälfte des Wohnzimmers war dafür bis ins Dach hinauf offen, was eine noch höhere Decke ergab, als wir sie in Berlin gehabt hatten. Eine alte Balkenkonstruktion verlief von beiden Seiten spitz nach oben und stützte die Decke. Darunter prasselte der schönste offene Kamin, den ich je gesehen habe. Er stand auf einem alten Granitfelsen und führte in einen Schornstein, der etwa zwei Meter breit war. Vom Wohnzimmer aus konnte man in ihn hinaufsehen und hörte darin den Wind rauschen.

«Schlechte Isolierung», hörte ich die Stimme meiner Mutter tief hinten in meinem Kopf. Doch mehr kam nicht durch. Ich dachte bereits an rote Nikolausstrümpfe, die am Kamin hingen, und an Eulen, die außen am Schornsteinsims nisten würden. Vielleicht ging ich naiv an die Sache heran. Aber Naivität kann auch ein positiver Antrieb sein, noch dazu ein recht starker. Von Vernunft kann man das hingegen oft nicht behaupten.

Die Rückseite des Hauses war direkt in den dahinterliegenden rohen Felsen geschlagen. Beim Zugang zum Gästezimmer hatten sie den Stein einfach offen gelassen, sodass man durch eine Art Felsgrotte ins Gästezimmer hinaufsteigen konnte. Drei Türen führten vom Haus aus ins Freie. Das gesamte Gelände war von alten Bäumen umgeben, vor allem von knorrigen Eichen. Es gab außerdem einen Wald, der Holz für den Winter lieferte. Hindurch floss ein murmelndes Bächlein.

Während wir das Grundstück abliefen, fragte ich mich immer wieder: Konnten wir uns so etwas wirklich leisten? Es schien unglaublich zu sein.

Aus dem Wald heraus traten wir auf eine große, offene Wiese, die bis zurück hinter das Haus führte. In der Ferne sahen wir den

Kamin über dem Reetdach gemütlich rauchen. Plötzlich sprangen vier Rehe leichtfüßig über die Wiese. Twix war zu verdutzt, um auch nur zu knurren. Ich brachte keinen Ton mehr heraus. Wahrscheinlich hatte ich unbewusst die ganze Zeit darauf gehofft, von irgendwoher ein solches Zeichen zu bekommen, das mir bestätigte, auf dem richtigen Weg zu sein. Dennoch kam der Moment völlig unerwartet. Ich kann mich nicht erinnern, wann ich davor zum letzten Mal so völlig in der Gegenwart war und einfach nur bewunderte.

«Hat Ihr Kollege die Rehe oben frei gelassen und heruntergescheucht?», unterbrach Anton mein Staunen.

Die Maklerin lachte. So einfach hatte sie sich das wahrscheinlich nicht vorgestellt.

Zurück am Haus fiel uns auf, dass im Garten eine Ruine stand. Früher war dort ein weiteres Haus gewesen, mit einem Dach aus Erde. Jetzt überwucherten es Kiwis und Brombeeren.

«Einsturzgefährdet», meldete sich in meinem Kopf die Stimme meiner Mutter.

«Die ideale Terrasse!», schwärmte Anton.

Von hier aus konnten wir jetzt die Rückseite des Hauses genauer betrachten: Das Dach hatte tiefe Löcher.

«Das wird teuer», ließ mich meine Kopfmutter wissen.

«Der ausgeschriebene Preis ist verhandelbar», sagte die Maklerin schnell, als sie die Blicke sah, die Anton und ich uns zuwarfen.

Wir hatten viele Fragen an die Eigentümer. Die beiden waren etwa Anfang fünfzig. Sie sahen nett aus, waren aber extrem wortkarg. Sie sagten nur das Nötigste, das uns die Maklerin noch knapper übersetzte. Wir waren ewig weit draußen hier, die nächste größere Stadt war mit dem Auto mehr als eine Stunde entfernt. Für uns beruflich das Wichtigste: Wie gut war die Internetverbindung?

Überraschenderweise war sie besser als in unserer Wohnung in Berlin. Das lag zum einen daran, dass die beiden Eigentümer die Einzigen in Kerjégu waren, die Internetanschluss hatten.

«Die anderen interessieren sich nicht so dafür», verstand ich mit meinem schlechten Schulfranzösisch.

Zum anderen daran, dass die Leitungen erst vor kurzem verlegt worden waren. Vor einigen Jahren hatte es in Frankreich eine ganze Reihe von Maßnahmen zum Ausbau des Internets in den ländlichen Regionen gegeben. Sie sollten Landflucht verhindern und die ländlichen Gebiete insbesondere für junge Menschen attraktiver machen. Davon profitierten wir jetzt.

Wir sprachen die anderen Themen an. Das Haus war nicht an die öffentliche Kanalisation angeschlossen. Wie funktioniert das mit dem Septic Tank? Die Maklerin übersetzte auf Französisch. Die Antwort war lang. Die Maklerin übersetzte zurück:

«Kein Problem. Nichts reinwerfen außer Toilettenpapier.»

«Muss der Tank nicht ab und zu geleert werden?»

«Nein, da sind Bakterien drin. Sie filtern alles und geben es danach wieder an die Natur ab.»

Ich staunte. Gleichzeitig war das aber auch eine etwas unheimliche Vorstellung! Ich nahm mir vor, niemals in diesen Tank reinzuschauen, wenn es nicht absolut notwendig sein sollte.

«Wurden in den sechziger Jahren Renovierungen durchgeführt? Können wir irgendwie sicherstellen, dass kein Asbest verwendet wurde?», fragte Anton.

Die Maklerin kramte ein Dokument hervor. In Frankreich sei es Pflicht, dass der Verkäufer einen unabhängigen Gutachter kommen lasse, der prüfe, ob Asbest oder Holzwürmer im Haus seien. Es sei alles in Ordnung. Tolle Idee, dachte ich. Das sollten sie in Deutschland auch einführen.

Das Gutachten war ziemlich lang. Wir verstanden natürlich

kein Wort. Die Maklerin versprach, es uns zu mailen, damit wir es übersetzen lassen konnten.

«Wie oft wird der Müll abgeholt?», fragte ich aus einer vagen Ahnung heraus. Die Maklerin übersetzte, und alle lachten.

«Der wird nicht geholt. Was ihr nicht kompostieren könnt, könnt ihr nach Pluméliau City fahren.» Die Franzosen lachten erneut, weil die Maklerin das nächste Dorf «Pluméliau City» genannt hatte. Hier hatte man anscheinend einen etwas anderen Humor.

«Pluméliau Métropole», meinte Anton. Sie lachten wieder. Okay, das mit dem Humor würden wir hinbekommen.

Wir gingen noch einmal ums Haus, verabschiedeten uns dann und sagten, wir würden uns melden. Auf dem Rückweg sprudelte es nur so aus uns heraus. Hatten wir gerade den Hof unserer Träume gefunden? Wie waren wohl die Nachbarn? Waren die Eigentümer des Hauses so kurz angebunden, weil man Ausländer nicht gern sah, oder lag das an unseren mangelnden Sprachkenntnissen? Würden wir hier Anschluss finden? Wie lange würde es dauern, Französisch zu lernen? War das Haus in gutem Zustand, oder hatten wir etwas übersehen? Wurde Aufrechtstehen im Allgemeinen überbewertet? Wie schlimm waren die Löcher im Dach wirklich? Welche Wildtiere gab es hier noch? Wie ließe sich das mit der weiten Entfernung nach Deutschland regeln? Würden wir einen französischen Kaufvertrag unterschreiben müssen, ohne den Inhalt verstehen zu können?

Wir diskutierten sehr lange, doch eigentlich war uns beiden längst klar: Wir machen ein Angebot!

Besuch bei der Weihnachtsfrau

Wie ich meine erste Auswanderer-
freundin kennenlernte

Einen Tag, nachdem wir ein Angebot für das Haus im Auenland gemacht hatten, ging dem Schiff das Gas aus. Es war mittlerweile Dezember. Wir stellten fest, dass das Verbindungsteil zwischen Gasflasche und Wohnmobil in Frankreich nicht dasselbe war wie in Deutschland. Weil das französische Verbindungsteil nicht ins deutsche Wohnmobil passte und das deutsche Verbindungsteil nicht auf die französischen Gasflaschen, wurde es ziemlich kalt, vor allem nachts. Wir hätten nach Deutschland zurückfahren können, wollten aber das Auenland nicht verlassen, ohne zu wissen, wie es weiterging. So schaute ich auf *Booking.com* nach einer günstigen Bleibe für ein paar Nächte. Tatsächlich gab es etwa fünfzehn Minuten von uns mitten in der Pampa ein *Chambres d'hôtes*. So heißen in Frankreich Fremdenzimmer, die Privatleute an Gäste vermieten. Oft sind sie günstiger als Hotels – und man bekommt gleich einen Ansprechpartner vor Ort dazu. Ideal, um herauszufinden, wie die Leute hier tickten! Ich buchte uns ein Zimmer. Wir rollten über kleine Hügel, kamen an Feldern vorbei, auf denen Blumenkohl wuchs, und fuhren durch mehrere Wäldchen. Häuser sahen wir nur selten, Menschen gar nicht.

«An Berlin war es schon schön, dass es so viele Leute mit ähnlichen Einstellungen wie unsere gab», sagte Anton plötzlich in die Stille hinein.

«Ja – die Leute, die hier wohnen, unterscheiden sich wahrscheinlich mehr voneinander», stimmte ich ihm zu und dachte daran, dass in unserem Haus im Friedrichshain merkwürdigerweise fast alle Bewohner in unserem Alter gewesen waren. Wenn ich allerdings genauer darüber nachdachte, waren wir uns gar nicht so ähnlich gewesen. Im Alltag machten wir ganz unterschiedliche Erfahrungen. In unserem Haus hatten eine Lehrerin, ein Unidozent und eine Urologin genauso gewohnt wie eine weitere Autorin und ein Nachbar, der eines Tages ohne Vorwarnung begann, sich «Ingo ohne Flamingo» zu nennen und mit seinem Lied «Hartz 4 und der Tag gehört dir» überraschend schnell überregional bekannt geworden war. Es gab einen Polizisten und eine Party-WG, Leute, die bei *Zalando* oder im Finanzbereich arbeiteten. Es war also wahrscheinlich nicht einmal so, dass wir alle die gleichen Vorstellungen davon hatten, wie wir unsere Leben führen wollten. Es hatte vielmehr vor allem deshalb funktioniert, weil es eine gemeinsame Ebene gegenseitiger Toleranz gab, auf der wir gut miteinander reden konnten. Und jeder konnte auch mal über sich selbst lachen. So waren einige zu engen Freunden geworden. Ob wir in der Bretagne auch Bekannte oder sogar Freunde finden würden?

«Man trifft doch eigentlich immer jemanden, mit dem man gut reden kann.» Antons Satz hing lange in der Luft. Wir hatten beide unsere Bedenken, ob wir hier reinpassen würden. Während wir noch überlegten, dass wir ganz schnell Französisch lernen und sofort eine Einweihungsparty veranstalten mussten, zu der wir unser ganzes Dorf einladen würden, schlich das Wohnmobil einen steilen Hang hoch und erreichte das *Chambres d'hôtes* «Frairie du Divit».

Es bestand aus einem alten bretonischen Landhaus mit mehreren Nebengebäuden, die sich als Weihnachtswunderland verkleidet hatten. Überall leuchteten und blinkten Lichterketten; Weihnachtsbäume waren mit festlichen Kugeln geschmückt, und

Weihnachtsmänner hielten zwischen dem Lavendel einen Plausch. Vor allem aber: Es lag Schnee. In der Bretagne liegt normalerweise kein Schnee. Und seltsamerweise hatte er sich auch nur genau auf diesen Garten beschränkt.

Als wir das Wohnmobil davor parkten, sprangen drei große Hunde bellend hinter dem Gartenzaun hoch. Bei näherem Betrachten sah ich, dass der Schnee aus Licht bestand, das von einer Laseranlage geschickt in den Garten geworfen wurde.

In diesem Moment kam uns eine Frau in meinem Alter entgegen. Sie hatte lange braune Haare, grüne Augen und ein hübsches natürliches Gesicht. Sie sagte etwas auf Französisch, das wir nicht verstanden.

Ich lächelte und sagte: «Bonjour, je suis Régine. Vous êtes Julia?» Gerade hatte ich meinen Namen zum ersten Mal auf Französisch ausgesprochen. Es klang irgendwie aufregend. Noch schräger war, was jetzt passierte.

«Ah, ihr seid aus Deutschland. Kommt schnell rein. Passt auf, dass die Katzen nicht ins Haus laufen.»

Erst jetzt fielen mir die vielen winterfellflauschigen Katzen auf, die auf Polstern vor der Tür und unter den Weihnachtsbäumen lagen. Im Halbdunkel dahinter sah ich den Umriss eines Rentiers. Ich stutzte. Da blökte es, und ich erkannte, dass es doch nur eine Ziege war. Dann waren wir auch schon im Haus der Weihnachtsfrau. Im Salon verteilt standen Nussknacker, singende Engel, Rentiere, die Schlitten zogen, und andere Weihnachtsgestalten. Mir fiel eine hübsche alte Holzkrippe auf, die wie selbstgemacht aussah. Und ein Adventskalender aus vierundzwanzig bunten Säckchen. Christbaumkugeln hingen von weihnachtlichen Gestecken, und mitten hindurch fuhr eine Weihnachtseisenbahn, die von kleinen Wichteln betrieben wurde.

«Ich bin übrigens aus Karlsruhe», sagte Julia gerade, als ob das etwas erklären würde. Ich musste lachen. Sie lachte auch und war mir sofort sympathisch.

Unser Zimmer war groß und hatte einen eigenen Kamin, in dem wir Feuer machen konnten. Zusätzlich gab es eine Heizung. Es war kein Problem, dass wir Twix dabeihatten. Anscheinend reisten in der Bretagne viele mit ihren Haustieren.

«Wenn du willst, zeige ich dir morgen meine Tiere», sagte Julia. Ich freute mich schon darauf und war vor allem gespannt, ihre Geschichte zu hören. Vorher war es aber an der Zeit, zu Hause anzurufen. Anton telefonierte parallel mit seiner Familie.

«Hallo, Mama», sagte ich. «Wie geht's dir?»

«An deiner Stimme höre ich, dass was los ist», meinte meine Mutter.

«Wir haben ein Angebot für einen Hof hier abgegeben», sagte ich.

«Wo seid ihr denn?», fragte meine Mutter.

«Im Morbihan, im Süden der Bretagne.»

«Oh mein Gott», sagte meine Mutter. «So weit weg!»

Genau 1000 Kilometer. Ich hatte die Entfernung mittlerweile bei *Google Maps* recherchiert.

«Er ist wunderschön», schwärmte ich und erzählte ihr von unserem Besichtigungstermin. Doch meine Mutter musste das erstmal verdauen. So war das meistens, wenn ich etwas Neues vorhatte. Später würde es ihr gefallen, da war ich sicher.

Als wir auflegten, hörte ich, dass Anton noch telefonierte. So nutzte ich die Gelegenheit und whatsappte Regina und Dario ein paar Bilder vom Besichtigungstermin. Danach rief ich meinen Bruder Johannes an. Er ist zwei Jahre jünger als ich und kommt in praktischen Dingen sehr nach meiner Mutter. Manchmal überrascht er einen aber damit, dass er doch völlig anders entscheidet, als man es erwartet hätte: So kam es zum Beispiel, dass er eine

Weile in Indien und in Saudi-Arabien gelebt und gearbeitet hat. Jetzt überschüttete er mich mit Fragen.

«Wie alt ist die Heizung? Wie, Holz statt Heizung?» «Hattet ihr ein Feuchtigkeitsmessgerät für die Wände dabei? Wenn das Haus auf einer Seite in den rohen Stein gehauen ist, ist das sicher feucht. Das müsst ihr messen!» «Wo ist der nächste Flughafen?» «Und wenn das mit dem Selbstversorgen nicht klappt? Ich kann euch natürlich ab und zu ein Essenspaket mit Nudeln rüberschicken, aber ihr braucht doch eine solide Einnahmequelle. Wollt ihr von Regen und Sonne abhängig sein?» «Habt ihr eure Kunden überhaupt gefragt, ob die das okay finden, wenn ihr von Frankreich aus arbeitet?» «Wie ist das da mit Versicherungen?» «Und was ist, wenn ihr mal krank werdet? Gibt es so ab vom Schuss einen Arzt in der Nähe?»

Die meisten seiner Fragen konnte ich nicht beantworten. Wenn unser Angebot angenommen würde, würden wir das alles bei einem zweiten Besichtigungstermin sicherlich herausfinden können, sagte ich mir.

Nach dem Gespräch war ich müde. Ich finde gut, dass meine Familie so vernünftig ist. Dann muss ich es nicht sein. Meine Mutter und mein Bruder haben mich mit ihrer rationalen Art tatsächlich schon vor vielem bewahrt. Ich weiß außerdem, dass sich mein Bruder trotz seiner kritischen Fragen immer auch für Neues begeistern kann. Er will eben nur alles mitbedenken und dafür sorgen, Schlimmes zu verhindern.

Ich ließ mich in unserem Zimmer aufs Bett fallen. Anton hatte gerade aufgelegt. Er wirkte ein bisschen desillusioniert.

«Mein Bruder meint, dass eine Investition in ein ländlich gelegenes Haus in Frankreich momentan keine gute Idee ist», sagte er ein wenig geknickt.

Ich sah ihn an – und prustete laut los.

«Eine Investition? Wir suchen unseren Wohnort doch nicht danach aus, wo die Immobilienpreise voraussichtlich steigen werden!»

Jetzt musste Anton auch grinsen.

«Auszusteigen wirft im Allgemeinen keine so guten Zinsen ab, fürchte ich», gab er zu. Wir setzten uns ans Fenster und sahen in den dank Lasertechnik verschneiten Märchengarten. Bis auf die Weihnachtsbeleuchtung um die alten Steinhäuser war es mittlerweile stockfinster. Unbezahlbar, dachte ich!

In diesem Moment surrte mein Handy. Es war eine Reaktion von Regina und Dario auf die Bilder vom Besichtigungstermin: «Oh Mann, das sieht total schön aus! Das ist genau das Richtige für euch! Und eine Sommerresidenz für uns! ;-) Vive la France!»

Nach einer Nacht, die wir endlich mal wieder in einem richtigen Bett verbracht hatten, kamen wir ausgeruht in den Salon. Außer uns war noch ein französisches Paar zu Gast. Julia unterhielt sich gerade mit den beiden. Wir setzten uns zu ihnen. Auf dem Tisch standen frische Croissants, Käse, Marmelade, Eier und leckere Teilchen. Dank Julias Übersetzungshilfe lernten wir unser erstes Beispiel für die verwirrenden Wege einer typisch bretonischen Geschichte kennen: skurril und dabei trotzdem zauberhaft. Die beiden hatten sich in ihrer Jugend ineinander verliebt, waren dann aber unterschiedliche Lebenswege gegangen und hatten andere Partner geheiratet. Jahrzehnte vergingen, bei beiden verstarben die Partner. Jahrelang lebten sie allein, weit voneinander entfernt. Doch dann begegneten sie einander plötzlich in einem Urlaub auf der Straße. Mit über siebzig Jahren kamen sie wieder zusammen und suchten jetzt nach einem Haus für ihr gemeinsames Leben. Die Geschichte kam mir unglaublich vor: erzählt im Weihnachtshaus wirkte sie noch magischer.

Etwas von dieser Magie strahlte auf den ganzen Tag ab. Nach

dem Frühstück besichtigte das Paar ein Haus in der Gegend. Ich ging mit Julia die Tiere füttern.

«In Deutschland habe ich im Controlling gearbeitet. Ich bin damals mit meinem Mann hierhergezogen, weil ich von einem ruhigen Leben geträumt habe. Er war Franzose, so habe ich schnell Französisch gelernt.» Julia verteilte Äpfel an die Hühner. Sie rannten von weitem darauf zu, Äpfel schienen sie lecker zu finden.

Gemeinsam hatten Julia und ihr Mann das alte Haus mit den Nebengebäuden Stück für Stück renoviert. Zwischenzeitlich hatte sie ein Kind bekommen: Ben. Die Ehe war vor ein paar Jahren zerbrochen, und Julia führte das *Chambres d'hôtes* seitdem alleine. Sie kannte allerdings viele Leute in der Gegend und war deshalb nie wirklich allein. Sie war jetzt siebenunddreißig Jahre alt, zwei Jahre älter als ich. Ben war vier. Ein lustiger kleiner Junge, der fließend Deutsch und Französisch sprach.

«Ich bin hier immer noch glücklich», sagte sie. «Ich habe gute Freunde gefunden und weiß, dass ich hier Privilegien und Freiheiten habe, die ich in Deutschland nicht hätte. Klar, ich muss morgens früh aufstehen, um das Frühstück für die Gäste zu richten. Ich muss die Zimmer putzen, für die Gäste da sein und so weiter. Aber ich kann mir meine Zeit oft auch frei einteilen. Jeder Tag ist gleich, und ich genieße, dass ich jetzt genau weiß, wie es von hier aus weitergeht. Ich weiß, was ich in zwei, fünf, zehn und zwanzig Jahren machen werde und dass das okay für mich ist. Ben und ich können uns hier versorgen. Das beruhigt mich.»

Vor allem Julias letzte Sätze brachten mich zum Nachdenken. Das war das genaue Gegenteil von «Das Ändern leben», wie wir es in Berlin kennengelernt hatten. «Wenn du siebzig Jahre lang immer dasselbe Jahr lebst, brauchst du es nicht Leben zu nennen», hatte ich einmal auf einer Toilette in einer Berliner Bar gelesen. Der Genuss des Immergleichen war mir völlig neu, und trotzdem ahnte ich, was Julia meinte. Vielleicht lenkte ständig neuer Input vom wirklichen Leben ab? Wenn man einen festen, sinnvollen Alltag gefunden hatte, fühlte man sich vielleicht eins damit und suchte nicht ständig nach Abwechslung? Ob ich so leben könnte, weiß ich nicht. Bei Julia wirkte es aber auf mich so, als hätte sie das geschafft: Sie war angekommen.

Wir besuchten Hühner, Ziegen, Schafe, Gänse, Hasen und zwei Pfauen. Julia hatte einen anderen Ansatz, als er uns vorschwebte: Sie schlachtete auch regelmäßig Tiere und aß sie. Ich betrachtete Julia von der Seite: Ihr Gesicht wirkte so natürlich, dass es fast kindliche Züge hatte, wenn sie lächelte. «Schelmisch», hätte meine Oma es genannt. Sie sah so – unschuldig aus. Ich versuchte mir vorzustellen, wie sie ein Huhn tötete. Ich konnte es nicht.

«Woher weißt du, wie das geht?», fragte ich.

«Ich hab mir dazu mal ein Video auf *Youtube* angeschaut. Jetzt habe ich es schon so oft gemacht, da weiß ich es einfach. Ist doch besser, als sie im Supermarkt zu kaufen. Ich weiß, wo meine Tiere herkommen und dass sie ein schönes Leben hatten», antwortete sie.

Die Hühner liefen frei herum, scharrten im Gras und versteckten sich unter dem Lavendel. Wenn ich Fleisch gegessen hätte, hätte ich ihr wahrscheinlich recht gegeben. So gut hatten es sicher nur wenige Hühner. Und sie umging die Entfremdung. Sie wusste genau, wie ihre Tiere gelebt hatten, bevor sie starben. Für mich wäre es trotzdem nicht in Frage gekommen, einem dieser Tiere sein Leben zu nehmen.

Julias Einstellungen waren in diesem Moment schon eine Herausforderung für mich, die mich beschäftigte. Später würde sie den Beginn unserer Freundschaft prägen.

Julia gab uns jede Menge Tipps für unseren Start in der Bretagne und vor allem ein Gefühl von Sicherheit: Was wir vorhatten, war nicht so ungewöhnlich oder unvernünftig, wie uns viele zu

Hause hatten glauben machen wollen. Hier lebten Menschen, die bereits genau das getan hatten, und die damit glücklich waren. Julia unterrichtete eine Gruppe anderer Auswanderinnen in Französisch und bot mir an mitzumachen, sobald wir eingezogen waren. Die Gespräche mit ihr trugen dazu bei, dass unsere Vorstellungen vom Leben in der Bretagne konkrete Formen annahmen. Auf ihrem Tisch im Salon zeichneten wir den ersten Plan für unseren Hof. Anton und ich hatten vor, auf der Wiese hinter dem Haus einen großen Gemüsegarten anzulegen. Links und rechts davon könnten Obstbäume stehen. Am Waldrand wäre viel Platz für ein Hühnerhaus und einen großen Auslauf. Vielleicht könnten wir Hühner vom Schlachthof retten, um ihnen ein schönes Leben zu schenken? Ich hatte von so etwas einmal in «Landleben» von Hilal Sezgin gelesen. Wir könnten mehrere Hunde halten und vielleicht noch andere Tiere, die ein Zuhause brauchten. Wir würden Obst, Gemüse und Kartoffeln selbst anbauen, sodass wir im Sommer kaum einkaufen müssten. Das wäre gesund, ökologisch sinnvoll und würde Kosten sparen. Auch ansonsten würden wir auf dem Land weniger Geld ausgeben – allein schon, weil es viel weniger Konsum- und Freizeitangebote gab. Wir könnten noch dazu mehr selbst herstellen, statt es zu kaufen oder zu beauftragen. So könnten wir beispielsweise versuchen, ein Tomatenhaus selbst zu bauen und vielleicht sogar das Gästezimmer selbst renovieren. Dadurch würden wir zusätzlich sparen und müssten weniger am Computer arbeiten. Die gewonnene Zeit könnten wir mit den Menschen und Tieren um uns herum verbringen. So würden wir hoffentlich endlich ein sinnvolles Leben führen, das unserer Umgebung vielleicht sogar mehr helfen als schaden und Umwelt und Klima weniger belasten würde als unser bisheriges. Und wir hätten wirklich frische Nahrung und eine höhere Lebensqualität! Unser Plan stand. Dabei hatten wir noch gar keine Zusage für den Hof im Auenland.

Der Schlüssel zu einem neuen Leben

*Wie wir den letzten Schritt zwischen
Ende und Neuanfang gingen*

Die Tage vergingen, und wir hatten noch immer keine Antwort auf unser Angebot bekommen. War es zu niedrig gewesen? Die Maklerin hatte doch gesagt, dass es wegen der Löcher im Reetdach einen gewissen Spielraum gab. Auf meine Nachfrage erhielt ich keine Antwort, sondern nur eine E-Mail mit einem Standard-Kaufvertrag.

«So würde der Vertrag dann grundsätzlich aussehen», schrieb die Maklerin dazu. Eine Zusage klang für mich anders, aber zumindest hatte sie schon einmal die kompletten Unterlagen für das Haus angehängt. Isabelle und Julien, die Berliner Freunde, die uns auch beim Umzug geholfen hatten, übersetzten uns am Telefon den kompletten Vertrag. Julien quälte sich durch lange fachliche Absätze über den Septic Tank und ausführliche Gutachten zum Stand des Holzwurmbefalls. Es schien aber alles so weit in Ordnung zu sein. Wir vereinbarten noch einen letzten Termin bei den Eigentümern, bevor wir nach Deutschland zurückfuhren. Mit klopfenden Herzen machten wir uns auf den Weg.

Als wir ankamen, fiel uns zuerst auf, dass der Tunnel aus Bäumen in der Einfahrt durchbrochen war. Die Eigentümer hatten offensichtlich die Bäume zurückgeschnitten, damit unser Wohnmobil ungehindert hineinfahren konnte. Es war mir ein wenig unangenehm, dass sie sich solche Umstände wegen unseres Autos machten. Aber konnte man diese Mühen nicht auch als positives

Zeichen deuten? Ich hoffte es. Mein Herz klopfte stärker. Das hier war alles viel zu schön, um wahr zu werden. Eine Hausseite war mit Jasmin überwuchert und blühte mitten im Winter mit Hunderten kleiner weißer Sterne. Der Schornstein über dem Reetdach stieß gemütliche weiße Rauchschwaden aus. Wie still und friedlich es hier war!

Wir stiegen aus, begrüßten die beiden Eigentümer und die Maklerin. Danach standen wir ein wenig verlegen in der Tür. Niemand bot uns einen Platz oder Kaffee an.

«Haben Sie schon die Papiere übersetzt?», fragte die Maklerin auf Englisch.

«Ja, von uns aus ist alles okay», sagte Anton.

«Aha», meinte die Maklerin.

Sie legte einen Stapel mit Papieren auf den Tisch. Es waren die Dokumente, die Isabelle und Julien für uns übersetzt hatten, in drei Ausführungen. Sie kramte Stifte hervor.

«Ist unser Angebot denn angenommen?», fragte ich endlich.

«Klar!», sagte die Maklerin verwundert. Mir fiel ein Stein vom Herzen. Das war also der Moment, der unser neues Leben besiegeln würde! Er kam so unerwartet und schnörkellos daher, dass Anton und ich es gar nicht richtig fassen konnten. Irgendwie hatte ich mit etwas Feierlicherem gerechnet, einer festlichen, staatstragenden Übergabe der Papiere durch die Maklerin, während die Eigentümer Sekt ausschenken und im Hintergrund leise klassische Musik spielt oder so.

Nun setzten wir einfach unsere Kürzel auf jedes der Papiere, die wir nicht verstanden. Dann unterschrieben wir eine Erklärung, die wir auch nicht verstanden, und verabschiedeten uns. Wir hofften, dass die Papiere wirklich dieselben waren, die Julien und Isabelle vorher für uns übersetzt hatten. Überprüft hatten wir das nicht, denn dazu hätten wir sie nebeneinanderlegen und zeilenweise miteinander abgleichen müssen. Das hätte beleidigend wirken können; als wären wir misstrauisch und befürchteten, übers Ohr gehauen zu werden. Außerdem hätte es ewig gedauert. Also vertrauten wir auf die Redlichkeit der Verkäufer.

Als wir vor die Tür traten, erwartete uns ein wunderschöner Sonnenuntergang. Ich war voller Tatendrang.

Bis der Hof wirklich uns gehörte, gab es allerdings noch eine Hürde zu nehmen: Hat ein Haus in Frankreich mehr als einen Hektar Land, gilt ein Vorkaufsrecht für Landwirte. Das Angebot des potenziellen Käufers wird also veröffentlicht, und falls ein Landwirt bereit ist, denselben Preis zu zahlen, bekommt er den Zuschlag. Allerdings muss er sich innerhalb von drei Monaten melden. Tut er das nicht, unterschreibt der Käufer den finalen Vertrag, überweist das restliche Geld und bekommt den Schlüssel.

Wahrscheinlich kann sich jeder vorstellen, wie nervös wir die drei folgenden Monate waren.

Wir fuhren nach Deutschland zurück, informierten den Rest der Familie und Freunde und organisierten unseren Kredit bei der Bank. Zwar hatten wir die Berliner Wohnung für eine etwas höhere Summe verkaufen können, als es der Kaufpreis unseres Hofes war. Doch hatten wir mit dem Geld aus dem Wohnungsverkauf noch das Immobiliendarlehen bei der Bank tilgen müssen. Also brauchten wir nun einen neuen Kredit, um den Hof zu kaufen.

Meine Mutter war zunächst entsetzt, dass wir es wirklich durchziehen und auswandern wollten. Insgeheim hatte sie gehofft, wir würden in die Nähe von Heidelberg ziehen. Später rutschte ihr allerdings heraus, dass sie selbst so etwas gern einmal ausprobiert hätte, der richtige Moment aber irgendwie nie gekommen war. Damit war der Knoten geplatzt. Und schließlich hatten wir im Auenland ein Gästezimmer. Jeder könnte uns besuchen, wann immer er wollte.

Von unseren engen Freunden waren alle begeistert und kündigten ihren baldigen Besuch an. Wir mussten sogar eine Liste anlegen, um alle Besucher für den ersten Sommer einzuplanen. Bei anderen Freunden, mit denen wir weniger zu tun hatten, merkten wir aber auch Vorbehalte. Niemand kritisierte uns direkt, aber anhand der Fragen bemerkte ich, wie naiv manche unseren Plan fanden. Und ihre Skepsis war ja nicht unberechtigt; schließlich hatte sich alles sehr schnell ergeben, und wir konnten noch nicht einmal richtig Französisch. Andererseits: Bevor wir einen konkreten Plan hatten, war es naiv, so planlos durchzustarten; nun hatten wir ihn, und es sollte trotzdem naiv sein, weil wir ihn zu schnell umgesetzt hatten?

Trotzdem konnte ich die Einwände nachvollziehen. Vor allem, wenn man eine Familie hatte und sich größere spontane Entscheidungen nicht mehr so leicht erlauben konnte, musste es unüberlegt wirken, was wir da taten. Vielleicht wäre es sogar tatsächlich «erwachsener» gewesen, im Job durchzuhalten und erstmal die Jahre bis zur Rente abzuwarten, in der Hoffnung, dass sich dann alles zum Besseren wenden würde. Aber ich war erst fünfunddreißig. Es lagen noch endlose Jahre bis zur Rente vor mir. Wieso sollte ich sie verschwenden? Wieso sollte sich überhaupt etwas von allein verbessern? Und: Wozu sollte ich durchhalten, wenn ich mein Leben auch selbst in die Hand nehmen konnte? Bis zur Rente wollte ich ein Leben, das ich sinnvoller fand als mein altes, jedenfalls nicht aufschieben. Warum also nicht gleich tun, was mir sinnvoll erschien? Steckt hinter solchen Aufschüben im Endeffekt nicht immer nur eine Angst vor dem Unbekannten? Weil wir nicht wissen, was später kommt und wie es uns dann gehen wird? Deshalb gilt es als vernünftig, möglichst viel Geld für die Rente zu sparen und das «eigentliche» Leben zu großen Teilen dorthin zu verschieben. Allerdings könnten wir auch unser ganzes Berufsleben lang hart arbeiten und dann mit siebenundsechzig oder siebzig von einem Auto überrollt werden oder an einer Krankheit sterben. Würden wir es dann noch vernünftig finden, unsere Wünsche aufgeschoben zu haben? Ich bin auf keinen Fall dagegen, fürs Alter vorzusorgen, sondern finde das sogar sehr wichtig. Ich denke nur, dass es ein Maß haben sollte. Die Angst über eine ungewisse Zukunft sollte nicht so stark sein, dass sie das Leben in einer gewissen Gegenwart gefährdet. Das sollte man nicht zulassen.

Einige Freunde merkten auch an, dass der Gemüseanbau ziemlich harte Arbeit sein würde. Ob uns das bewusst sei? Und was würden wir mit unserer Freizeit so weit ab vom Schuss anfangen? Dort auf dem Land gab es ja nichts zu tun. Es mag merkwürdig klingen, aber gerade darauf freute ich mich. Wir würden für unsere Nahrung im Garten arbeiten und unsere Freizeit selbst gestalten müssen. Ich war gespannt darauf!

Meine Kunden nahmen es entspannt auf, als ich sie von meinem voraussichtlichen neuen Wohnort in Kenntnis setzte. Im Grunde war es für sie ja auch egal, von wo aus ich ihre Aufträge bearbeitete. Die Textaufträge, Projektideen und Lektoratsmanuskripte kamen per E-Mail. Ich bearbeitete sie am Computer und gab sie meist auch per Mail ab. Wichtig für mein tägliches Arbeitsleben war hauptsächlich, dass das Internet schnell war. Ich sah meine Kunden vor allem zweimal im Jahr: einmal auf der *didacta*-Schulbuchmesse und einmal auf der Frankfurter Buchmesse. Dorthin würde ich auch von Kerjégu fahren können.

Die nächsten drei Monate ging es drunter und drüber. Wir gaben das Wohnmobil wieder ab und kauften ein Auto. In Berlin hatten wir das nicht gebraucht, in Kerjégu aber gab es keine öffentlichen Verkehrsmittel.

Wir wohnten eine Weile bei Antons Eltern in Holland und einige Wochen bei meiner Mutter. Ein paar Tage blieben wir auch bei meinem Bruder Johannes und seiner Frau. Nachdem Anton und ich endlich seine Fragen zu unserem Hof zumindest im Ansatz beantworten konnten, brach bei ihm das Planungsfieber aus. Zu seiner schon erwähnten praktisch-vernünftigen Ader gehört auch der etwas eigenwillige Spleen, sich für alles zu interessieren, was man automatisieren und autark gestalten kann. Bei ihm zu Hause bewegen sich die Rollläden automatisch, Bewegungsmelder informieren ihn per App über unangemeldete Besucher und streunende Katzen im Garten, hinter dem Haus dreht der Rasenmähroboter seine Kreise, innen saugt der Saugroboter, und im Keller steht ein Notstromaggregat, das selbst bei einem Komplettstromausfall im Ort dafür sorgen würde, dass sein Haus hell erleuchtet und seine Alarmanlage einsatzbereit bleiben würden. Mitten in dieser Umgebung verbrachten wir Abende damit zu diskutieren, was man in Kerjégu alles automatisieren könnte, um so wenig wie möglich selbst tun zu müssen. Johannes hatte haufenweise Ideen, angefangen bei einem ausgeklügelten Bewässerungssystem für den Garten bis hin zu einer Armee von Rasenmährobotern, die das komplette Land automatisiert mähen würden.

Mich faszinierte vor allem sein Antrieb dahinter, denn ich freute mich auf die physische Arbeit. Bei mir war es letztlich auch ein Stück Entfremdung von der Natur gewesen, das mich zum Selbstversorger-Plan getrieben hatte. Ich hatte zusammengerechnet schon jetzt mehrere Jahre meines Lebens am Computer verbracht. Deshalb überlegte ich, wie es funktionieren könnte, wieder mehr Zeit nah an der wirklichen Welt zu verbringen, zum Beispiel mit dem Anbau unserer Nahrung. Und Zeit mit anderen Lebewesen!

Ich glaube, dass es auch bei meinem Bruder letztlich Zeit war, die er über die Automatisierung gewinnen wollte. Und das angenehme Gefühl, dass alles läuft, ohne sich ständig stressen zu müssen. Johannes arbeitete in der IT-Beratung und hatte im Alltag viel Druck. Ich sah bei ihm immer wieder die Sehnsucht nach einem bodenständigeren Leben durchscheinen. Als wir beim Geburtstag unserer Oma einmal einiges getrunken hatten, erzählte er zum Beispiel, wie sehr er Bäume möge. Er fände es schön, wenn er irgendwann mal was mit Bäumen machen könne. Ich glaube, dass diese beiden Seiten – die Faszination für die Technologie einerseits und die Sehnsucht nach der analogen, naturverbundenen Welt andererseits – die Türme waren, zwischen denen meine Generation balancierte. Ich würde es toll finden, in unserem neuen Leben eine Brücke zu bauen: Vielleicht könnten wir einige technische Möglichkeiten nutzen, um Zeit zu gewinnen, die wir dann unentfremdet in der Natur verbringen konnten?

Tagsüber arbeiteten wir natürlich am Computer. Es waren aufregende, lustige, aber gleichzeitig auch sehr anstrengende drei Monate. Aufregend wegen der vielen Gespräche über eine ungewisse Zukunft, die plötzlich fast greifbar nah erschien, lustig wegen der vielen Ideen und der Vorfreude darauf und anstrengend, weil wir uns auch immer wieder Gedanken machten, ob wir das Richtige taten. War die Bretagne nicht viel zu weit weg? Hatten wir etwas am Zustand des Hauses übersehen? Konnte das wirklich unser Zuhause werden? Beim Besichtigungstermin waren wir uns absolut sicher gewesen, dass das der richtige Ort für uns war. Doch hatten wir ein großes Stück weit aus dem Bauch heraus entschieden. Zurück in Deutschland war das Gefühl, das wir damals auf dem Land hatten, weit weg. Es ließ sich über die Entfernung auch nicht so leicht zurückholen. Jetzt erinnerten wir uns mehr an die Fakten – und machten uns Sorgen, wie das neue Leben auf dem Hof sein würde.

Und, unsere größte Angst: Was wäre, wenn ein Landwirt Bedarf an unserem Hof und dem Land anmelden und wir den Zuschlag am Ende gar nicht bekommen würden?

Doch dann erhielten wir endlich die erlösende Nachricht: Kein Landwirt interessierte sich für Hof und Land. So kam es, dass unser vollbepacktes kleines Auto am 3. März 2017 auf einem Parkplatz vor dem Notarbüro in einem kleinen Dorf nördlich von Pontivy parkte. Nervös saßen Anton und ich kurze Zeit später mit Twix im Wartezimmer. Die Eigentümerin kam und begrüßte uns mit Küsschen. Unser vereidigter Übersetzer war schon da. Er hieß Richard und war in Deutschland aufgewachsen, nach England gezogen und später mit seinem Partner nach Frankreich ausgewandert. Seit vielen Jahren lebten die beiden in der Bretagne. Er übersetzte und gab Englischunterricht. Ansonsten bestellten sie einen Gemüsegarten. Es schien in dieser dünn besiedelten Gegend ganz schön viele Auswanderer zu geben!

Wir hatten uns den finalen Kaufvertrag wieder vorab schicken lassen und waren damit zu einer französischen Anwältin gefahren, die gut Englisch sprach und uns alles erklärt hatte. Nun saßen wir eigentlich nur noch da und warteten, bis wir endlich unterschreiben durften. Die Stimmung war ausgelassen, der Notar war locker. Nach der Unterschrift legte die Eigentümerin einen Schlüsselbund vor mir auf den Tisch. Einer der Schlüssel war golden und sah sehr alt aus – zugegeben nicht wirklich nach Sicherheitsschloss, aber nach dem romantischsten Start in ein neues Leben überhaupt!

Direkt vom Notar aus fuhren wir zum Haus. Zu *unserem* Haus. Die Reste des Winters hingen noch in der Luft. Doch man konnte den Frühling schon spüren, als wir das Auto anhielten und zum ersten Mal unser Land betraten. Ich ertappte mich dabei, wie ich noch immer dachte: «Das kann doch nicht alles uns gehören!

Gleich kommt jemand und sagt, man habe sich geirrt, und wir müssen wieder gehen.» Doch es kam niemand. Wir machten ein Selfie, weil wir den großen Moment festhalten wollten. So ganz konnten wir das alles noch nicht so recht glauben.

Und dann schloss ich die Tür in unser neues Leben auf.

Holz hacken im Regen

————•◦•————

Wie wir uns bei der Nachbarin vorstellten

Am ersten Morgen wachte ich auf, weil es kalt war. Das Feuer war in der Nacht ausgegangen. Twix brummte, weil er es nicht mag, früh geweckt zu werden. Anton war sofort hellwach. Während er neues Holz holte, um das Feuer wieder anzuzünden, erhitzte ich auf dem einen Topf, den wir mitgenommen hatten, Wasser und brühte uns einen Instant-Kaffee auf. Wir zogen Gummistiefel an und stapften hinaus auf unser Land.

Seit diesem Tag haben wir jeden Morgen auf dem Hof auf diese Weise begonnen: Mit einem Kaffee in der Hand laufen wir in unseren Wald hinein bis zum Ende des Grundstücks, wo der Bach unser Land von dem der Nachbarin trennt. Es gibt einen Rundweg, der uns über die große Wiese an der Ruine vorbei zurück zum Haus bringt. Dieser Weg ist Twix' Morgenrunde. An diesem ersten Tag brauchten wir dafür bestimmt zwei Stunden. Alle paar Meter hielten wir an, kommentierten die Bäume, schauten nach oben und diskutierten, was wir hier alles machen könnten.

«Hier wäre der ideale Platz für den Gemüsegarten», versuchte ich Anton auf dem Rückweg zu überzeugen.

«Dann müssen wir das Wasser vom Brunnen aber ganz schön weit tragen», meinte Anton.

«Dafür gibt es hier die meiste Sonne.»

«Okay, dann wäre daneben auch ein guter Platz für ein Gewächshaus. Da könnten wir Zitrusfrüchte anbauen.»

«Super! Oh, und hier passt ideal der Hühnerstall hin! Das ist nah am Gemüsegarten. Dann können sie die Schnecken fressen, bevor die zum Gemüse kommen.»

«Eine Hühnerpatrouille also. Gar nicht schlecht. Wir könnten ihren Auslauf einmal rund um den Gemüsegarten legen.»

«Wenn wir da sind, können sie aber auch frei herumlaufen. Twix könnte aufpassen, dass kein Fuchs kommt», überlegte ich.

Anton und ich waren uns in den ersten Tagen recht einig, obwohl wir viele unserer Ideen später doch ganz anders umsetzen würden. Wir hatten dieselbe Vorstellung davon, wie wir unseren Hof aus seinem Dornröschenschlaf wecken würden. Und auch davon, was zuerst getan werden musste: Wir mussten uns bei den Nachbarn vorstellen.

Natürlich hatten wir während der letzten drei Monate versucht, ein wenig Französisch zu lernen. Gleichzeitig hatten wir aber Vollzeit gearbeitet und einiges organisieren müssen. Auch die Fahrten waren nicht ohne gewesen. Nicht nur in die Bretagne waren es rund 1000 Kilometer, auch unsere Familien lebten noch einmal mehr als 500 Kilometer voneinander entfernt, und wir hatten bei beiden eine Weile lang gewohnt. Mit Freunden hatten wir uns natürlich auch treffen wollen, sodass wir über ein paar Vokabeln noch nicht hinausgekommen waren. So übersetzten wir auf *Google Translate*, wie wir uns auf Französisch vorstellen konnten, fuhren ins nächste Dorf und kauften einen Topf mit Lilien. Danach machten wir uns von unserem Hof aus zu Fuß auf den Weg zu dem Haus, das am nächsten an unseres angrenzte. Es regnete wie verrückt.

Zum Nachbarhof führte eine repräsentative Allee aus Eichen. Das Haus lag direkt an einem See, über dem der Nebel hing. Im Garten standen auffallend viele behauene Steine, die wie keltische Grabsteine anmuteten. Sie waren mit Moos bewachsen und sahen ziemlich alt aus. «So könnte ein Horrorfilm beginnen», dachte ich noch, meine Lilien vor mir hertragend wie Rotkäppchen den Wein. Anton sagte nichts.

Den Schlag hörten wir beide zugleich. Ein weiterer Schlag folgte. Wie eine Warnung! Die Geräusche kamen aus dem Wald hinter dem Haus. Jetzt umzudrehen, wäre nicht gut angekommen. Wenn jemand im Haus aus dem Fenster blickte, würde er uns vielleicht schon entdeckt haben. Da half nur die Flucht nach vorn. Also gingen wir den Geräuschen nach – und sahen kurz darauf eine ältere Dame mit einer Axt. Sie stand im strömenden Regen und hackte Holz. Wie wir später herausfanden, handelte es sich um unsere achtzigjährige Nachbarin Mado.

«Bonjour», sagte Anton.

«Bonjour!», rief die Dame. Sie sprach laut, obwohl wir direkt vor ihr standen. Sie war klein, hatte braune Locken und einen wachen Blick. Etwas darin kokettierte trotz ihres Alters.

«Nous nous présentons. Nous sommes les nouveaux voisins», sagte ich, wie ich es bei *Google Translate* übersetzt und auswendig gelernt hatte.

Sie sagte viel. Es hörte sich etwas belustigt und irgendwie spitzbübisch an, wenn sie sprach. Aber es war auf eine freundliche Weise, die einen sofort bemerken ließ, dass man mit jemandem sprach, der das Leben leicht nahm und viel Humor hatte. Sie hatte eine bemerkenswert junge Stimme. Was sie sagte? Keine Ahnung. Weder Anton noch ich verstanden ein Wort.

«Haha», machte ich etwas verlegen und überreichte die Lilien.

Ratlos sahen Anton und ich uns an. Mado kicherte. Dann prustete sie los. Sie bog sich vor Lachen.

Danach redete sie einfach weiter, mit der Axt in der Hand im strömenden Regen, als hätte sie nicht bemerkt, dass wir nichts verstanden. Keine Ahnung, worum es in diesem Gespräch ging, aber fünf Minuten später saßen wir vor einem ähnlichen Kamin wie unserem in ihrem schönen bretonischen Wohnzimmer und sahen über den See. Der Regen hatte etwas nachgelassen, und zwei Gänse gingen gerade auf der Terrasse spazieren. Auf der Wiese neben dem Haus konnten wir einen Esel grasen sehen. Mado brachte Bier und typisch bretonische Galettes-Kekse.

Sie deutete auf den Esel und sagte: «Gazelle.» So hieß er also. Sie sprach jetzt ganz langsam. Wir verstanden, dass sie in der alten Mühle auf der anderen Seite des Sees geboren worden war. Ihr ganzes Leben hatte sie in Kerjégu verbracht. Ihr Mann war vor ein paar Jahren gestorben, fast gleichzeitig mit dem Mann ihrer Schwester. Die hieß Agnès und lebte noch immer in der alten Mühle. Sie nahm eine Trompete in die Hand und trötete dreimal hintereinander kurz hinein. Es war ziemlich laut im Wohnzimmer. «Agnès», sagte sie, «ist dreiundachtzig Jahre alt.» Wir schauten einander fragend an. Sie trötete noch einmal, ungeduldig. Ob wir jetzt irgendetwas machen sollten? Wir wollten nicht unhöflich sein.

«Merci», sagte ich auf gut Glück und nahm einen Schluck Bier.

Mado deutete auf die alte Mühle am anderen Ende des Sees. Jemand hatte gerade die Tür geöffnet und kam heraus. Die Person winkte. Dann ging sie über einen mit Hortensien und Obstbäumen bewachsenen Weg den See entlang auf Mados Haus zu. Als die Gestalt näher kam, erkannten wir, dass es sich um eine weitere ältere Dame handelte. Mado legte die Trompete weg.

So lernten wir Agnès kennen. Und damit kannten wir bereits alle Menschen, die ganzjährig in unserem Dorf Kerjégu lebten.

Wer Möglichkeit sät,
wird Wirklichkeit ernten

*Wie wir mit dem Buddeln und
Pflanzen loslegten*

Mado und Agnès waren sehr offen und herzlich. Nach etwa einer halben Stunde verließen wir das Haus mit einem Karton voller Eier von Mados Hühnern – überglücklich. Jede Sorge war unbegründet gewesen. Wir waren hier absolut willkommen. Die Menschen waren noch netter, als wir es uns erträumt hatten. Ich fühlte mich so leicht und beschwingt, dass ich sofort loslegen wollte, uns in unserem neuen Leben einzurichten.

In der Bretagne wechselt das Wetter mindestens zwölf Mal am Tag. So warteten wir einen Moment, bis die Sonne wieder schien, und nahmen uns zuerst den alten Brunnen vom Froschkönig vor. Wenn wir kleine Steine hineinwarfen, konnten wir hören, dass weit unten Wasser stand. Doch es gab keine Pumpe oder Kurbelvorrichtung, um es heraufzuholen.

Wir fuhren nach Pontivy zum Baumarkt, der in Frankreich *Bricolage* oder abgekürzt *Brico* heißt. Man sollte nicht meinen, dass Leute, die weniger ausgeben wollen, ja, sich sogar selbst versorgen wollen, so oft zum Baumarkt fahren müssen, wie wir in unseren ersten Monaten in der Bretagne. Doch um auf Selbstversorgung umzustellen, brauchten wir einiges, das uns dabei helfen würde, uns in Zukunft selbst zu helfen.

Man findet im *Brico* Hühner (ein Huhn kostet etwa fünfzehn Euro und ist damit günstiger als ein Sack seines Futters, wie wir mit Verwunderung feststellten), Betonmischungen, Kettensägen, Äxte und andere Geräte sowie Saatgut. Eigentlich gibt es alles, was der angehende Selbstversorger braucht – wobei wir sicher niemals ein Huhn beim *Brico* kaufen würden.

Der Baumarkt erfüllt darüber hinaus eine weitere wichtige Funktion für Auswanderer: Weil man ja im Vorfeld bestimmte Vokabeln nachschauen muss, um Fragen an das Personal formulieren zu können, erhält man gleich einen kostenlosen Französischkurs.

Dieses Mal kauften wir einen Karabiner und ein langes Seil. Anton befestigte den Karabiner mit einer Schnur am Ast einer Eiche über dem Brunnen. Dann fädelte er das Seil durch. Ein Ende band er an die Eiche, das andere an einen großen Eimer. Wir waren ganz aufgeregt, als wir den Eimer zum ersten Mal in den Brunnen hinabließen. Er war schwer, als wir ihn wieder hochzogen. Und tatsächlich: klares Grundwasser! Dem Gemüsegarten stand nichts mehr im Weg!

Doch bis wir überhaupt von einem Gemüsegarten sprechen konnten, war einiges zu tun: Aktuell existierte an der Stelle, an der die Beete angedacht waren, nur eine Wiese. Wenn wir nicht von Sauerampfer leben wollten, mussten wir das Land noch urbar machen, bevor wir darauf pflanzen konnten. Jetzt zahlte sich die landwirtschaftliche Einschlaflektüre doch noch aus. Wir entschieden uns, zwei unterschiedliche Methoden auszuprobieren. Etwa sechzig Quadratmeter Land gruben wir mit der John-Seymour-Methode für Tiefkulturbeete um.

Das geht so: Mit einer Schaufel sticht man etwa fünfzehn Zentimeter tief ein Quadrat in der ungefähren Höhe einer DIN-A4-Seite in das Gras. Dann hebt man das Erdquadrat mit der Schaufel heraus. Das ist relativ leicht, wenn man es vorher sauber ausgestochen hat. Am besten stapelt man es möglichst übersichtlich daneben. Wo die Erdquadrate vorher auf der Wiese lagen, entsteht eine niedrige Ausbuchtung.

Als Nächstes hebt man aus dieser Fläche eine weitere Schicht Erde aus. Man lagert sie zum Beispiel gegenüber der Erdquadrate. Nun muss man die Grasquadrate nur noch mit der Grasseite nach unten zurück in die Erde legen und die zweite Schicht Erde zuoberst verteilen. Mit der Zeit verrottet das Gras unter dem Beet und verbessert damit die Bodenqualität. So finden die Pflanzen darauf genügend Nährstoffe. Im folgenden Jahr muss man allerdings wieder neu umgraben und zusätzlich Kompost ausbringen.

Die zweite Methode, die wir mit etwa vierzig Quadratmetern testen wollten, waren Sepp Holzers Hügelbeete. Der Agrar-Revoluzzer setzt auf diese sehr ökologische Permakulturmethode. Der Plan: Man hebt ein tiefes Loch aus und füllt es mit Holz und Schnittresten. Darüber türmt man die Erde, die man entnommen hat, um das Loch zu schaufeln. Es entsteht ein Hügel. Weil das Holz unter dem Beet ganz langsam verrottet, entwickelt diese Methode ihre volle Wirkung erst nach mehreren Jahren. Der Boden wird dadurch langfristiger mit Nährstoffen aus dem verrottenden Holz versorgt. Sepp Holzer baut darauf nun keine Reihen mit einer Gemüseart an, sondern verschiedene Pflanzen auf den unterschiedlichen Ebenen der Hügel. Wenn möglich, sollen die Pflanzen einander gegenseitig helfen. So hält Basilikum zum Beispiel die weiße Fliege von den Gurken fern. Und Borretsch lockt Insekten an, hilft also unter anderem den nahestehenden Zucchini bei der Bestäubung. Unterschiedliche Pflanzen entnehmen dem Boden außerdem unterschiedliche Nährstoffe und geben verschiedene Stoffe ab. Im besten Fall entsteht dabei ein Geben und Nehmen, das den Boden bereichert und Pestizide unnötig macht. Eine tolle Idee, fanden wir! Eine Menge Arbeit, fanden wir heraus. Trotzdem haben wir im Garten in mehreren Tagen zwei lange

Hügelbeete aufgetürmt. Die John-Seymour-Methode umzusetzen dauerte ebenfalls mehrere Tage und ging ordentlich auf den Rücken. Am letzten Tag waren Anton und ich völlig platt.

«Ahhh, wie haben das die Menschen früher ausgehalten?», keuchte Anton und ließ sich ins Gras fallen. «Dabei waren sie auch noch viel kleiner.»

«Zumindest haben sie sich dann nicht so oft den Kopf an der Haustür angeschlagen.» Wir mussten beide lachen. Anton stieß sich täglich den Kopf an. Es war so schlimm, dass ihm Mado, die inzwischen regelmäßig vorbeikam, dazu geraten hatte, im Haus einen Helm zu tragen.

«Und was haben die Menschen gemacht, bevor die Ernte fertig war? Da gab's ja keine Supermarkt-Option.» Ich setzte mich schnaufend neben Anton.

«Wenn einer neu ankam, haben ihn die anderen wahrscheinlich erstmal mitversorgt», vermutete er.

«Oder auch mal gehungert. Und sie wussten, was man an Wildkräutern essen konnte. Das weiß ja heute kaum einer mehr.»

Vor uns breiteten sich frisch von Hand umgegrabene Beete aus. Meine Arme schmerzten. Mein Rücken tat so weh, dass ich nicht mehr aufstehen wollte. Trotzdem fühlte es sich gut an, etwas Wichtiges erledigt zu haben. Endlich machten wir das, was wir machen wollten. Das Resultat sah sogar ganz gut aus. Im Hintergrund hörten wir das dreimalige Tröten einer Trompete. Mado rief Agnès zu sich.

«Jetzt eine Pizza beim *Pomodorino*», entfuhr es mir.

«Ich nehme einen Rotwein dazu», sagte Anton.

«Und Dario wird sich wie immer beschweren, dass man keinen Rotwein zur Pizza trinkt. Es muss Bier sein.»

«Quatsch», protestierte Anton.

«Ist das jetzt Heimweh?», fragte ich.

Anton überlegte einen Moment.

«Ich würde es eher damit vergleichen, wenn jemand nach langer Zeit wieder mit dem Rauchen anfangen will.» Solche merkwürdigen Vergleiche waren typisch für Anton.

«Man stellt sich vor, wie toll es wäre, sich wieder eine Kippe anzustecken. Wenn man es dann aber tatsächlich macht, ist es eher ernüchternd. Denn in Wirklichkeit ist es längst nicht mehr so, wie es früher mal war.»

«Reden wir jetzt übers Rauchen oder Pizza im *Pomodorino*?», fragte ich.

«Beides», sagte Anton. «Ist quasi dasselbe.»

Statt Pizza gab es Pasta mit Gemüse und Tomatensoße. Das war auch lecker. Ich erinnere mich noch gut an einen Moment, in dem ich später an diesem Abend völlig fertig aus der Dusche kam und zum ersten Mal in meinem Leben entdeckte, dass ich Rückenmuskeln mit kleinen Abteilchen unterschiedlicher Muskelgruppen hatte. Leider waren sie nach dem anstrengenden Prozess des Urbarmachens fast ebenso schnell wieder verschwunden.

Um den entstehenden Gemüsegarten vor Twix' Markierungsfreude und gleichzeitig die wachsenden Pflanzen später vor Wildtieren zu schützen, sammelten wir am nächsten Tag heruntergefallene Äste und Zweige im Wald und bauten daraus einen Zaun. Für die Pfähle schnitt Anton ein paar buschig wachsende Sträucher zurück. Die so gewonnenen Äste spitzte er an und schlug sie mit dem Vorschlaghammer in den Boden. Ich wickelte die weicheren Äste und Zweige aus dem Wald horizontal um die Pfähle, um die Zwischenräume zu füllen. Es sah sehr urig aus und hielt auch erstmal gut.

Als später Julia, die Weihnachtsfrau vom *Chambres d'hôtes*, zu uns zu Besuch kam, kommentierte sie unsere Zweigbegrenzung in ihrer typisch trockenen Art: «Euer Zaun lebt übrigens noch.» Erst da stellten wir fest, dass auf unserem Gelände etwa zwanzig Haselnusssträucher standen. Schneidet man einen Ast ab und steckt ihn in den Grund, wächst er neu fest. Tatsächlich war unser Gemüsebeet nun von einem lebendigen Haselnusszaun umgeben. Um Gemüse draußen vorzuziehen, war es Mitte März noch zu kalt. Nur Radieschen, Puffbohnen, Salat, Frühkartoffeln und Zwiebeln zogen direkt in die frischen Beete ein. Für alles andere bauten wir Vorzuchtstationen auf. In geschützte Holzkisten mit einem Plexiglasfenster oder einer Plastikfolie darüber stellten wir kleine Töpfe, die wir mit Anzuchterde füllten. Anzuchterde wollten wir nur fürs erste Jahr verwenden. Ab dem zweiten würden wir dann hoffentlich unseren eigenen Kompost haben. So würde aus den Abläufen ein Kreislauf werden: Unsere Bio-Komposterde würde auf den Beeten und in den Anzuchtstationen im Frühjahr landen. Dort würden wir aussäen, später wanderten die Pflanzen ins Beet. Das Gemüse würden wir ernten und essen. Die Reste landeten erneut auf dem Kompost. Über mehrere Monate hinweg würden sie sich schließlich wieder in Erde verwandeln, die im Frühjahr zurück aufs Beet und in die Anzuchtstationen wandern könnte. Eine gesunde und umweltfreundliche Ernährung ohne Transportwege – und ohne Müll zu erzeugen!

Weil wir nur samenfestes Saatgut nutzten, konnten wir die Samen der Früchte sammeln und im nachfolgenden Jahr erneut aussäen. Das würde auch zum Kreislauf beitragen und noch dazu ab dem nächsten Jahr ordentlich Kosten sparen. Denn was ich erst jetzt aus meinen Büchern über Gemüseanbau erfuhr: Die Samen der meisten Gemüsepflanzen, die man heute im Supermarkt oder im Baumarkt kaufen kann, sind nicht samenfest. Sie sind aus dem Kreuzen künstlich erzeugter Inzuchtlinien entstanden und häufig sogenannte F1-Hybride. Das heißt: Die Samen ihrer Früchte lassen sich zwar wieder in Pflanzen verwandeln. Doch deren Früchte sind nicht essbar, im schlimmsten Fall sogar giftig. Ich war überrascht, dass es nicht nur legal, sondern sogar die Norm ist, Gemüsepflanzen künstlich so zu kreuzen, dass ihre Samen der nächsten Generation mitunter giftige Früchte erzeugen. Auch wenn man überall lesen kann, dass der Grund für die Verwendung der F1-Hybride darin liegt, den Ertrag und die Resistenz der Pflanzen zu steigern: Für mich hörte sich das ein wenig so an, als wollten die Saatguthersteller Menschen damit abhängig machen, denn sie müssen jedes Jahr aufs Neue Samen und Pflanzen kaufen. Ein wirkliches Selbstversorgen in einem natürlichen Kreislauf, bei dem man aus den Früchten seiner Pflanzen immer wieder Saaten für neue Pflanzen und Früchte gewinnen konnte, war nur mit Saaten möglich, die auf der Packung als «samenfest» gekennzeichnet waren. Wir bestellten einen Teil bei einem Online-Shop für Bio-Saatgut, einen Teil bekamen wir dann doch beim *Bricolage*.

In den Anzuchtstationen zogen wir Zuckererbsen, Lollo-Rosso-Salat, grüne und gelbe Zucchini, Kürbis, Mais, Paprika, Gurken, Auberginen, Melonen und viele verschiedene Gewürze vor. Die Gewürze hätten wir später im Jahr auch direkt ins Freiland säen können. Doch wir waren wie im Fieber. Bald hatten wir jede Kiste im Umkreis zu einer Vorzuchtstation umgebaut. Unter den Plexiglasscheiben und Plastikfolien blieb es in der Kiste warm, und die Pflanzen keimten rasch.

Uns war klar, dass wir für das Selbstversorgen ein paar Monate Vorlauf brauchen würden. Als wir dann am 26. April, dreiundfünfzig Tage nach unserer Ankunft, tatsächlich unsere ersten Radieschen ernteten, freuten wir uns wie ein Soja-Schnitzel. Wir schnitten die vier Radieschen in kleine Scheibchen und genossen jedes einzelne davon mit einer kleinen Prise Salz. Noch nie habe ich zwei so gute Radieschen gegessen!

«Das hat sich doch gelohnt», meinte ich zu Anton.

«Unser erster Ernteerfolg», sagte er. «Das ging doch eigentlich recht schnell.»

Gleichzeitig war in den dreiundfünfzig Tagen eine Menge passiert: Mittlerweile hatte uns eine Berliner Spedition unsere Möbel gebracht, sodass wir uns mit unseren alten Sachen hatten einrichten können. Unser gesamter Alltag unterschied sich dennoch sehr von dem in Berlin. Wir schliefen so lange, bis wir von allein aufwachten. Auf Wecker hatten wir beide keine Lust mehr. Nach einer Runde im Wald bekam Twix sein Futter, und wir nahmen uns ein Müsli oder Marmeladebrote und arbeiteten ein paar Stunden. Anton hatte jeden Tag um 10 Uhr über *Skype* eine Telefonkonferenz mit seinem Hauptkunden. Das war meistens auch mein Arbeitsstart. Gegen 14 Uhr legten wir eine Mittagspause ein. Wir aßen etwas und kümmerten uns ein oder zwei Stunden um den Garten. Es musste immer etwas gesät, gejätet, umgepflanzt oder gemäht werden. Twix war meist dabei. Am Ende der Mittagspause bekam er wieder Futter. Danach arbeiteten wir noch einmal drei bis vier Stunden, bevor wir Abendessen machten. Anschließend mussten wir oft noch den Garten bewässern. Weil wir Wasser vom Brunnen holten, dauerte das zu zweit gut eine Stunde. Wir mochten die neue Routine. Twix lag solange im Garten oder ging allein spazieren. Die nächste Straße war weit weg, außer Mado und Agnès würden ihm auch keine Menschen oder gefährlichen Hunde begegnen. Ich hatte endlich keine Angst mehr um ihn. Und es war für mich wunderbar zu beobachten, wie ihm das Leben hier gefiel. Denn Twix hatte es nicht immer leicht gehabt.

Vor etwas mehr als sieben Jahren hatte ich ihn zum ersten Mal gesehen – auf einem Foto im Internet. Ein verwahrloster brauner

Hund mit völlig verfilztem Fell, der schon sein ganzes Leben in einem kleinen Zwinger in einem Tierlager in Kroatien lebte. Was mich fasziniert hatte, waren seine Augen: gelb, mit einem Ausdruck, in dem gleichzeitig Rebellion, Kraft und offenes Misstrauen lag. Meine Mutter hielt es für Aggression, aber das ignorierte ich. Mir war klar: Ich musste ihn sofort dort rausholen. Dank der Tierrechtsorganisation *Vox Animalis* wurde es möglich; sie organisierten Untersuchungen bei einem kroatischen Tierarzt, Impfungen und einen Pass – und schließlich den Transport nach Deutschland. Wir hatten damals noch in Würzburg gelebt, und Anton und ich standen aufgeregt vor dem Auto, das ihn bringen sollte.

«Wo ist er denn?», fragte ich.

«Na, auf dem Rücksitz», sagte die nette Tierrechtlerin.

Ich hatte ihn auf den ersten Blick für ein Kissen gehalten. Ein zusammengerolltes Knäuel, völlig verängstigt. Und keine Spur gefährlich! Im Gegenteil hatte er Angst vor allem, auch vor mir. Er war viel kleiner, als er auf dem Foto gewirkt hatte, unterernährt, seine Ohren hatten sich entzündet, und sein Fell war in einem üblen Zustand. Weil Twix noch keine Treppen kannte, trug Anton ihn bis zu unserer Dachgeschosswohnung hinauf. Twix sträubte sich, als wir ihn ins Haus bringen wollten. Wahrscheinlich war er noch nie zuvor in einer Wohnung gewesen. Dort angekommen, rollte er sich zitternd in einer Ecke zusammen und starrte stundenlang an die Wand.

Ich redete viel mit ihm, um ihn zu beruhigen. Am Anfang war er so eingeschüchtert, dass er nicht auf der Straße gehen konnte. Also fing ich an, ihn herumzutragen, um ihm die Welt dadraußen zu zeigen. Zwischendurch setzte ich ihn kurz ab, damit er sein Geschäft erledigen konnte. Anton und er durften nicht im selben Raum sein. Denn Twix hatte schreckliche Angst vor Männern.

Dennoch hielten Anton und ich ihn gleich am Anfang einmal gemeinsam fest, um ihm mit einer Nagelschere sein Fell zu schneiden, das zum Scheren zu verfilzt war. Es war wie ein fester Teppich, den wir kurz über der Haut vorsichtig abschneiden mussten, um ihn entfernen zu können. Am Ende konnten wir sein verfilztes Fell an einem Stück aufklappen wie einen Flokati. Darunter wimmelte es von Tausenden von Insekten.

Es war das Ekligste, was ich in meinem Leben gesehen hatte – und es musste grauenhaft jucken! Eine reine Folter! Twix saß mit versteinert-misstrauischer Miene da, während wir erst den Fellteppich und dann die Zecken einzeln entfernten.

Als wir Twix duschten, kämpfte er um sein Leben. Er verstand nicht, dass wir ihn von den Tieren befreien wollten, die ihn quälten. Wahrscheinlich dachte er, wir wollten ihn ertränken. Mit Flohshampoo versuchten wir, die kleinen Tiere von seinem Körper zu schrubben. Anton hielt ihn fest und wurde dabei komplett nass. Das Wasser färbte sich dunkelbraun. Die Prozedur dauerte ewig. Um Twix anschließend trocken zu rubbeln, gebärdete er sich zu wild. So ließ ich ihn einfach nass aus dem Bad laufen. Geschockt setzte ich mich im Wohnzimmer auf den Fußboden und überlegte, wie ich die Wohnung von den Flöhen reinigen konnte, die sie von Twix sicher abbekommen hatte.

Da stand Twix plötzlich in der Tür. Er sah mich an, und etwas in seinem Blick hatte sich verändert. Zum ersten Mal ging er freiwillig auf mich zu. Langsam, ganz vorsichtig. Ich traute mich nicht, mich zu bewegen. Es war völlig still im Raum. Twix sah mich direkt an, gelbe aufmerksame Augen, verwundert, fragend – ich konnte es spüren: Das Misstrauen war gebrochen. Vor mir angekommen, setzte er sich. Und dann legte er sich direkt vor mich hin, langsam, mit sanften Bewegungen, fast, als wolle er mich nicht erschrecken. Wir waren zwei unterschiedliche Spezies, die einander nicht kannten und zum ersten Mal einen Weg gefunden hatten, miteinander in Verbindung zu treten. Es gab keine gesellschaftlichen Konventionen für diesen Austausch, er war ganz ursprünglich, eine Art Sprache vor jeder anderen Sprache. Als ich meine Hand langsam hob und ihn berührte, zuckte er kurz zusammen. Doch er wehrte sich nicht. Zum ersten Mal konnte ich ihn richtig streicheln. Wahrscheinlich klingt das kitschig, aber ich versprach ihm damals, dass ich den Rest seines Lebens dafür sorgen würde, dass es ihm gutginge. Und mit der Zeit entspannte er sich. Als ich aufhörte, hob er schließlich eine Pfote, um mir zu zeigen, dass ich weitermachen sollte. Seine Augen waren jetzt leicht geschlossen. Er genoss!

Anton arbeitete damals für einen Kunden in München, sodass ich mit Twix unter der Woche allein war. Dennoch gewöhnte sich Twix mit der Zeit auch an ihn. Nachdem die deutsche Tierärztin seine Ohren versorgt hatte und uns sagte, dass er keine gesundheitliche Gefahr für andere Hunde war, begannen wir, ihn ans Gassigehen zu gewöhnen. Mit Hilfe von vielen Leckerlis lernte er schließlich, draußen selbst zu gehen, und nach etwa zwei Monaten ließen wir ihn zum ersten Mal von der Leine. Twix hatte mittlerweile zugenommen und war stärker geworden. Als wir die Leine lösten, bekam er einen regelrechten Freudenanfall. Von lustigen Sprüngen unterbrochen, rannte er immer wieder um uns herum. Wir waren so froh, dass wir einfach mitrannten.

Es begann eine Zeit, in der er uns auf Schritt und Tritt folgte. Wir mussten Twix nie erziehen, er versuchte immer, uns alles recht zu machen. Über die Jahre machte er eine unglaubliche Veränderung durch, und aus dem verängstigten Knäuel wurde tatsächlich ein entspannter, selbstbewusster Hund. Wir konnten ihn später sogar zur Arbeit mitnehmen. Er bekam dort den Spitznamen «der Guru», weil er so ausgeglichen war und sich durch nichts aus der Ruhe bringen ließ. Für Twix zählte nur, dass wir da waren. Er war nicht gern allein. Insofern war das Leben auf dem Hof das Beste überhaupt für ihn. Wir waren immer bei ihm und machten schöne Spaziergänge zusammen – doch er war auch frei, sich allein zu bewegen. Er konnte draußen und drinnen sein, wie er wollte, ohne mit dem hektischen Großstadtleben konfrontiert zu werden.

Letzteres war der Hauptunterschied zu Berlin, nicht nur für Twix, sondern auch für Anton und mich: Unser Tag verlief in komplett ruhigen Bahnen. Bis auf ein paar Begegnungen bei den Spaziergängen trafen wir kaum auf andere Menschen. Es gab keine direkten Stresssituationen mehr. Natürlich hatten wir trotzdem Deadlines bei der Arbeit. Aber die waren räumlich weit weg. Niemand stand vor dem Schreibtisch und drängte, etwas jetzt aber schnell fertig zu machen. In unserem direkten Umfeld gab es nur Vogelgezwitscher, leisen Wind, der mit den Eichenblättern spielte und ab und zu ein bisschen Regen. Das war keinen Deut langweilig, sondern tat uns erstmal einfach nur gut!

Ein paar Tage später arbeiteten wir gerade im Garten, als wir zum ersten Mal ein einzelnes langgezogenes Tröten aus Mados Trompete hörten. Der Ruf für Agnès war ein dreimaliges kurzes Tröten, wie wir inzwischen gelernt hatten. Wir hatten keine Ahnung, was das Geräusch bedeutete, und gingen zur Sicherheit nachschauen. Mado stand vor ihrer Haustür und hielt uns zufrieden sechs Eier vor die Nase. So konditionierte sie uns ganz ohne Sprache: Wenn ein langgezogenes Tröten ertönt, müsst ihr herkommen. Dann gibt es Eier.

Sie schien es zu genießen, dass sie nur ihre Trompete brauchte, um uns herbeizurufen. Denn oft wollte sie einfach nur ein bisschen quatschen.

Das Gewächshaus

Wie wir versuchten uns zu integrieren
und noch einmal ganz von vorn
anfangen mussten

Mitte April füllte sich unser Dorf. Mado und Agnès hatten uns bereits in bretonisch-poetischer Weise angekündigt, dass mit dem Ruf der ersten Nachtigall «die Engländer» kommen würden. Die Engländer waren ein nettes Paar, Bill und Madeleine, das zusammen mit ihrer Mutter jeden Sommer in Kerjégu verbrachte. Sie besaßen ein hübsches altes Steinhaus direkt am See und hatten einen Schäferhundmischling, der Twix' Spielkamerad wurde. Die Hunde konnten sich jederzeit auch allein besuchen, was für uns praktisch war.

Außerdem trafen Julien und Giselle ein. Die beiden Pariser wohnten in einem historischen Langhaus am Ortseingang und verbrachten im Sommer ihre Wochenenden hier. Jetzt war das Dorf vollzählig. Also machten wir in einer Mittagspause eine Runde mit Twix und klopften bei allen an die Tür, um sie für kommenden Samstag zum Kaffee zu uns einzuladen.

Weil das Wetter schön war, stellten wir den Küchentisch in die mit Kiwipflanzen und blühenden Rosen überwucherte Ruine und deckten dort. Und alle kamen!

Es war ein lustiger Nachmittag, bei dem nach kürzester Zeit alle Gäste wild durcheinanderredeten. So war es für uns nicht unangenehm, dass wir nach sechs Wochen in Frankreich immer noch so wenig verstanden. Bill und Madeleine, die beiden Engländer, übersetzten für uns, wenn es gar nicht anders ging. Und auch Julien sprach etwas Englisch. Meistens schafften wir es aber irgendwie mit Händen und Füßen, uns auch auf Französisch auszudrücken. Unsere Nachbarn waren zum Glück sehr geduldig. Die Gespräche hier auf dem Land drehten sich um Pflanzen, Tiere, das Wetter und das Ende der Jagdsaison. Wir erfuhren, dass Jäger in Frankreich bis auf wenige Meter an jedes Haus herankommen durften, um Wild zu schießen. In Kerjégu gab es vor allem Rehe, Füchse, Dachse und ab und zu ein paar Wildschweine. Die Jäger kamen mit Hunderudeln, die die Tiere aus Mados und unserem Wald trieben. Um sich zu retten, musste das Wild eine Wiese überqueren. Dort warteten die Jäger und schossen. Weil die Jagdhunde sonst oft das ganze Jahr über nicht aus ihren Zwingern kamen, waren sie wild, unkontrollierbar und angeblich oft aggressiv. Die Jäger waren in unserem kleinen Dorf offensichtlich nicht sehr beliebt. Mir grauste schon davor, ihnen zu begegnen. Allein schon wegen Twix wollte ich nicht, dass möglicherweise aggressive Hunde in unsere Nähe kamen. Auch gegen das Jagen an sich hatte ich als Vegetarierin Vorbehalte. Aus Deutschland wusste ich, dass Rehe und Wildschweine von Jägern massiv angefüttert werden, damit sie sich stärker vermehren. Die dadurch große Anzahl an Rehen frisst die jungen Bäume ab, die vielen Wildschweine richten Schäden in den Gärten an und kommen sogar in die Städte, weil es durch die menschlichen Fütterungen einfach zu viele sind. Es gibt zahlreiche Unfälle durch Wildwechsel. Dann erschießen die Jäger die Tiere, um der «Überpopulation» Herr zu werden und verkaufen das Fleisch und die Trophäen. Für mich stellte sich die Frage, warum man sie überhaupt erst anfütterte, wenn es für die Tiere und die Wälder besser wäre, nicht in den natürlichen Kreislauf einzugreifen. Das Wild würde weniger Nachkommen zeugen, die Wälder dadurch nicht in dem Maße zerstören und seltener auf Straßen und in die Städte laufen. Dann gäbe es aber natürlich auch keine «überschüssigen» Tiere zum Jagen und Verkaufen. Wirtschaftliche Interessen und Traditionen schienen hier vor den Bedürfnissen der Natur zu stehen. Aber ich war auch keine Fachfrau auf dem Gebiet – und jetzt war die Saison ja erst einmal zu Ende. Wir sahen fast jeden Tag Rehe, die direkt an unserem Haus vorbeikamen.

Beim Kaffee mit unseren Nachbarn erfuhren wir außerdem, dass es üblich war, sich als Neuankömmlinge beim Bürgermeister im Rathaus von Pluméliau vorzustellen. Das machten wir gleich in der folgenden Woche. Doch wie sich zeigen sollte, war das eigentlich gar nicht mehr notwendig, weil sich bereits herumgesprochen hatte, wer wir waren. So meldeten wir uns einfach nur an und gingen anschließend in eine der beiden Dorfbars. Hinter dem Tresen stand eine blonde Frau, die uns sofort ihre Hand entgegenstreckte.

«Bonjour», begrüßte sie uns freundlich.

«Bonjour», sagten wir und schüttelten ihr die Hand. «Wir sind neu hier. Unser Französisch ist leider noch nicht gut. Kriegen wir zwei Cidre?»

Sie schien unser Französisch verstanden zu haben. Denn sie holte die typischen traditionellen Tassen hervor, aus denen man in der Bretagne ausschließlich Cidre trinkt. Ein älterer Mann am Nebentisch drehte sich zu uns um. Ich lächelte ihn an. Niemand schien überrascht, dass wir da waren.

Die Frau stellte die beiden Cidre vor uns ab und griff nach ihrem Handy. Dann tippte sie eine Nummer ein, sagte ein paar Sätze, die ich nicht verstand, und hielt mir den Apparat hin.

«Hallo?», fragte ich etwas verunsichert

«Hi, ihr seid also die Neuen. Willkommen!», antwortete jemand auf Englisch. «Sorry, meine Frau spricht nicht viel Englisch.»

83

«Wir sind ja auch in Frankreich. *Wir* sollten eigentlich Französisch sprechen», merkte ich an.

«Das werdet ihr schnell lernen», meinte der Mann. «Ich konnte auch wenig Französisch, als ich hierhergezogen bin. Vor vielen Jahren haben meine Frau und ich dann die Bar *Le P'tit bistrot* eröffnet. Jetzt bin ich in der Bretagne zu Hause.»

Er erzählte noch von seinen Schafen und einem Dach, das er reparieren musste. Wir plauderten einige Minuten wie alte Bekannte, dann verabschiedete ich mich und gab das Handy an die Frau hinter der Bar zurück. Sie grinste mich an. Es war nicht schwer, mit den Menschen hier ins Gespräch zu kommen. Im Grunde funktionierte es genauso wie in Berlin. Allein schon aufgrund unserer Sprachbarriere hatte ich es mir viel schwieriger vorgestellt.

Eine große Herausforderung war hingegen all der organisatorische Kram, den wir in der nächsten Zeit zu erledigen hatten. Zum Beispiel mussten wir ein französisches Bankkonto eröffnen, um Strom und andere Nebenkosten bezahlen zu können. In der Bank wurden wir zunächst mündlich interviewt. Die Mitarbeiterin stellte uns Fragen zu unserer Adresse, wie lange wir schon hier waren und vielem mehr. Das war erst einmal nett und überraschend persönlich für eine Kontoeröffnung. Wir verstanden sie so weit auch ganz gut. Irgendwann setzte sie sich und schrieb die Daten, die sie gerade mündlich abgefragt hatte, noch einmal handschriftlich auf. Weil sie sich natürlich nicht alles hatte merken können, wiederholte sich dadurch unser Gespräch. Endlich kamen wir erneut zum Ende. «Na ja, so hatten wir wenigstens ein kleines Französischtraining», dachte ich noch. Da startete die Dame ihren riesigen alten Computer.

«Das dauert ein wenig», lachte sie charmant und klopfte freundschaftlich auf den alten Kasten.

Wir warteten. Als der Computer endlich hochgefahren war, sahen wir dabei zu, wie die Bankmitarbeiterin unsere Daten, die sie gerade handschriftlich notiert hatte, nun Wort für Wort in ihren Computer übertrug. Wir saßen stumm daneben. Ich sah Anton an, konnte an seiner Miene aber nichts ablesen. Mir selbst fiel es schwer, stumm zu bleiben, aber ich wollte natürlich nicht gleich einen schlechten Eindruck hinterlassen.

Zwei Stunden später verließen wir die Bank. Ich musste an eine Diskussion denken, die ich in meinem Finanzjob in Berlin miterlebt hatte: Zwei Bankmitarbeiter, die zu Besuch waren, hatten sich mit einem Programmierer aus unserem Team darüber unterhalten, ob acht Klicks zu viel waren, wenn man online ein Bankkonto in Deutschland eröffnen wollte.

Etwa eine Woche später bekamen wir einen Brief von der französischen Bank. Kurioserweise wurden wir darin aufgefordert, dieselben Daten, die wir bei unserem Besuch angegeben hatten, noch einmal neu zu übermitteln. Wir sollten dafür in die Filiale kommen. Auch unser zweites Gespräch dauerte lange, und es sollte nicht unser letztes werden … Aber am Ende konnten wir dann doch ein französisches Bankkonto eröffnen.

Organisatorisch noch viel komplizierter war allerdings der Abschluss einer Krankenversicherung – mein persönlicher Albtraum. Das französische Krankenversicherungssystem ist sehr komplex: Für Festangestellte und Künstler ist die sogenannte CPAM zuständig. Die Antragsformulare findet man allerdings nicht direkt dort, sondern online auf der Webseite *www.ameli.fr.* Allerdings wendet man sich normalerweise weder an die eine noch an die andere Stelle. Stattdessen sind alle Berufstätigen innerhalb ihrer verschiedenen Berufe in sogenannten Häusern organisiert, die einem zur Krankenversicherung verhelfen. Mein «Haus» war das *Maison des Artistes.* Normalerweise würde ich mich also mit den

Dokumenten von *www.ameli.fr* an mein Haus wenden, das dann alles mit der CPAM regeln würde, um mir eine Krankenversicherung zu beschaffen. Allerdings wollte mir mein Haus erst helfen, wenn ich mindestens seit einem Jahr als Autorin in Frankreich lebte. Ein Jahr auf den Abschluss einer normalen Krankenversicherung zu warten, erschien mir ziemlich lang – zumal es dann ja noch dauern würde, bis ich sie wirklich haben würde.

Das musste doch irgendwie anders zu regeln sein! Also versuchte ich es auf eigene Faust. Ich war eine EU-Bürgerin, die hier lebte und arbeitete. Da sollte es doch kein Problem sein, in die französische Krankenversicherung aufgenommen zu werden. Dachte ich! Ich konnte damals noch nicht wissen, dass mir monatelange Briefwechsel, zahlreiche Telefonate und erniedrigende persönliche Besuche bevorstanden. Nachdem mein erster Antrag angeblich nie angekommen war und mich die Mitarbeiterinnen bei den persönlichen Besuchen mehrmals abgewimmelt hatten – ich hätte erst nach drei Monaten Wartezeit das Recht sie zu bitten im Computer nachzusehen, ob ein Antrag von mir denn mittlerweile überhaupt vorhanden sei –, war ich ziemlich verzweifelt. Ein wenig wehmütig dachte ich daran, wie gut Deutschland in diesen Dingen organisiert ist. Ich hatte angenommen, dass es im Nachbarland ähnlich zugehen würde. Das Ganze nahm geradezu kafkaeske Züge an! Bei jedem Gespräch änderte sich die Liste der Unterlagen, die ich beschaffen sollte. Immer wenn ich alles beisammen hatte, kam wieder etwas Neues dazu. Wobei ich fairerweise sagen muss, dass meine schlechten Französischkenntnisse die Kommunikation sicher nicht vereinfacht haben. Letztlich habe ich mir dann doch Hilfe geholt. Über eine *Facebook*-Freundin erfuhr ich von Ute Pantel, einer Deutschen, die vor vielen Jahren ebenfalls nach Frankreich ausgewandert war. Weil die Formalitäten hier anfangs so kompliziert waren, hatte sie es kurzerhand zu ihrem Beruf gemacht, deutschen Auswanderern bei Problemen wie meinem zu helfen. Ich schrieb sie über *Facebook* an, und Ute wurde aktiv. Sie telefonierte mit den Ämtern, füllte Formulare aus und fand Aspekte, die ich übersehen hatte. So kam es, dass schließlich irgendwo in diesem riesigen Versicherungsdschungel jemand Erbarmen hatte und mich in die französische Krankenversicherung aufnahm. Als ich die *Carte Vitale*, das französische Versicherungskärtchen, endlich in den Händen hielt, hatte ich das Gefühl, etwas unendlich Kostbares zu besitzen. Niemals würde ich sie, wie einst ihre deutsche Vorgängerin, zum Freikratzen der vereisten Windschutzscheibe verwenden!

So überwanden wir schließlich auch die organisatorischen Hürden in unserer neuen Heimat. Wenn Briefe kamen, nahmen wir uns einfach Zeit und übersetzten sie Wort für Wort. Schwieriger waren Telefonate auf Französisch. In der Anfangszeit begann ich alle Gespräche damit zu erklären, dass wir neu in Frankreich waren und gerade erst die Sprache lernten. Die meisten Leute reagierten darauf sehr freundlich. Dann formulierte ich mein Anliegen, wie ich es mir zuvor zurechtgelegt und übersetzt hatte. Ich versuchte mein Gegenüber in seiner Sprechgeschwindigkeit zu beeinflussen, indem ich selbst betont langsam sprach. Das klappte manchmal sogar ganz gut. Ansonsten bat ich die Anrufer, das Gesagte zu wiederholen.

Ich gebe zu, dass ich auch mehr als ein paar Mal «Oui, oui, bien sûr» gesagt habe, ohne einen blassen Schimmer gehabt zu haben, worum es ging. Ich wollte dann einfach nicht mehr wie ein Volldepp dastehen, der nichts verstand. Da war mir das Risiko lieber. Es gab zum Glück keine Situation, in der sich das als großer Fehler herausgestellt hatte.

Dennoch war besseres Französisch eindeutig der Schlüssel, um uns hier zu integrieren. Und ich hatte dazu ja noch ein offenes Angebot: Julias Französischkurs. Sie hatte mir erzählt, dass sie sich mit drei weiteren Auswanderinnen jeden Dienstag traf. Es war ein Kurs nur für Frauen. Gerade lasen sie ein Buch auf Französisch. Witzigerweise war es ein Krimi eines deutschen Autors mit französischem Pseudonym, der auf Französisch übersetzt worden war: «Un été à Pont-Aven». Gleich nach unserer Ankunft in der Bretagne hatte ich mir das Buch gekauft. Ich verstand keinen Satz. Julia hatte vorab schon gesagt, dass in ihrem Kurs ausschließlich Französisch gesprochen würde. Englische oder deutsche Übersetzungen kämen nicht in Frage. So erinnerte ich mich noch einmal daran, wie wichtig es war, dass ich schnell Französisch lernte. Außerdem, sagte ich mir, war Julias nette Einladung zum Kurs eine gute Möglichkeit, sie und die anderen Auswanderer besser kennenzulernen. Und deshalb riss ich mich zusammen und übersetzte in mehrtägiger Arbeit jedes Wort der ersten paar Seiten aus dem Buch einzeln. Ich überlegte mir außerdem Antworten auf Standardfragen wie: «Wo wohnst du?» «Was machst du?» «Wo kommst du her?» «Warum seid ihr in die Bretagne gezogen?» usw. Ich übersetzte Fragen und Antworten auf Französisch und lernte sie auswendig. Und dann besuchte ich zum ersten Mal Julias Französischkurs.

«Bonjour», sagte ich in die Runde, nachdem ich die Katzen daran gehindert hatte, mir ins Haus zu folgen. Es war Ende April und der Salon entweihnachtet. An dem großen Tisch, an dem wir damals mit dem französischen Paar gefrühstückt hatten, saßen Julia und drei andere Frauen.

«Bonjour», kam es aus der Runde zurück. Julia stand auf und umarmte mich. Dann stellte sie die Mädels vor: Kellie und Becky aus England und Stef aus Hamburg. Sie lachten, wirkten alle offen, herzlich und entspannt. Überhaupt war in der Bretagne irgendwie jeder entspannter als Anton und ich. Die Menschen schienen viel mehr Zeit zu haben. Mado und Agnès baten uns fast jedes Mal, wenn wir sie trafen, herein. Wir mussten die Einladung oft ausschlagen, weil wir etwas anderes geplant hatten. Doch auch Leute in unserem Alter, so wie Julia, ließen sich für ihre Mitmenschen viel Zeit. Stundenlang hatte sie mir bei unserem letzten Besuch ihre Tiere gezeigt und Tipps für die Bretagne gegeben. Dafür, dass sie uns überhaupt nicht gekannt hatte, fand ich das doch erstaunlich. Übrigens sprachen wir erstmal Englisch. So ganz streng war die Französisch-Doktrin also doch nicht.

Becky war etwa in meinem Alter, etwas kleiner als ich, mit Rehaugen und schulterlangen braunen Haaren. Sie wohnte nur etwa einen Kilometer von Julia entfernt direkt am Fluss Blavet. Bevor sie hierhergezogen war, hatte sie mehr als zehn Jahre lang in London gelebt. Sie und ihr Freund Tom hatten dort viel gearbeitet und schließlich eine Wohnung gekauft. Um diese zu finanzieren, hatten sie weiter viel arbeiten müssen. Zeit hatten sie wenig gehabt. Irgendwann war ihnen bewusst geworden, dass sie sich nach einem anderen Leben sehnten. Einem Leben, in dem sie Zeit zum Leben hatten. So kam es, dass sie und Tom ihre Sachen in London eingelagert und ihre Wohnung vermietet hatten. Sie hatten beschlossen, in die Bretagne zu kommen und zu sehen, wie es dort weiterging. Für Engländer war die Bretagne ein beliebtes Auswanderziel. Schließlich war sie mit der Fähre vergleichsweise gut und schnell zu erreichen, die Preise waren in der Regel günstiger als in England, und es gab schon eine große englische Community vor Ort. In der Bretagne angekommen, hatten Becky und Tom ein verfallenes altes Haus gekauft. Tom, der Architekt war, hatte alles bis auf die Außenmauern abgerissen und in jahrelanger Arbeit neu aufgebaut. Mittlerweile waren zwölf Jahre vergangen. Sie hatten zwei Kinder, Mia und Otto, und unterhielten einen großartigen Gemüsegarten mit Gewächshaus, der sie das ganze Jahr über zu einem wesentlichen Teil ernährte. Tom arbeitete weiterhin als Architekt, hatte aber viel Zeit. Becky schrieb eine Stunde am Tag Texte für einen japanischen Freund in einem englischen Architekturbüro. Sie leisteten sich keine teuren Dinge, sondern versuchten, möglichst viel selbst zu machen. Wenn sie in Urlaub fuhren, stellten sie oft einfach ein Zelt auf einer der bretonischen Inseln auf, die eine Stunde entfernt lagen. Ihre Möbel lagerten immer noch in London ein.

Die quirlige Kellie hatte Becky schon vor vielen Jahren kennengelernt. Kellie hatte blonde Strähnchen, grüne Augen und war für hiesige Verhältnisse ungewöhnlich schick gekleidet. Sie trug eine Leinenhose zu Flipflops und einem schwarzen Oberteil, darüber einen langen beigefarbenen Cardigan-Mantel. Sie sah aus wie eine Künstlerin, die ihrem eigenen Stil folgte – auf den ersten Blick war erkennbar, dass sie eine Kreative war; jemand, der sich nicht von anderen sagen ließ, wie er zu leben hatte, sondern sein eigenes Ding durchzog. Dabei strahlte sie eine Menge Lebensfreude und Herzlichkeit aus. Sie war mit ihrem Freund Dave von der Isle of White hierhergezogen. In ihrem alten Leben hatte sie viel im Büro gearbeitet. Danach war sie wie ich oft zu müde gewesen, um etwas zu unternehmen. Dave und sie waren dann immer häufiger vor dem Fernseher versackt. Wie bekannt mir das alles vorkam!

Irgendwann hatten die beiden sich gesagt, dass das nicht alles gewesen sein konnte. So hatten sie sich auf die Suche nach einem neuen Leben gemacht und waren in die Bretagne gekommen – wie wir fast ohne Französischkenntnisse. Nachdem Kellie etwas zur Ruhe gefunden hatte, hatte sie begonnen, beruflich zu zeichnen. An Julias Wänden hängen einige ihrer Bilder: Landschaften, die oft das Meer zeigten, und irgendwo in der Grauzone zwischen abstrakt und gegenständlich lagen. Häufig scheint es, als könne man durch einen nebligen Schleier hinter das Meer sehen. Das gibt den Bildern eine Tiefe, fast als hätten sie eine weitere Dimension. Sie sind ungewöhnlich und laden förmlich zum Interpretieren ein. Mir gefallen sie. Anscheinend nicht nur mir. Kellie Schofield wird mittlerweile regelmäßig für Ausstellungen gebucht und verkauft ihre Bilder über *www.artfinder.com* in die ganze Welt. Wohnen will sie trotzdem immer noch am liebsten hier auf dem Land: zusammen mit Dave, ihren acht Katzen, drei Pferden, zwei Hunden und ihrer Ziege.

Als dritte in der Runde stellte sich Stef vor. Sie war ebenfalls blond, hatte grüne Augen und lachte viel. Dabei bildeten sich lustige Grübchen, während sie ihr Gegenüber aufmerksam musterte. Sie war mir sofort sympathisch; ich schätzte sie als jemanden ein, mit dem man unkompliziert Spaß haben konnte. Stef kam aus Hamburg, hatte aber vor ihrer Ankunft in der Bretagne lange zusammen mit ihrem Freund Michael auf Booten in der Karibik gelebt und gearbeitet. Michael war Segellehrer, sie hatten sich um reiche amerikanische Touristen gekümmert, denen sie gemeinsam den perfekten Urlaub organisierten: Sie lebten mit ihnen an Bord, fuhren sie herum, bekochten und bedienten sie und zeigten ihnen die Sehenswürdigkeiten der Inseln. Nach zehn Jahren hatte sie das Meer hinter sich lassen wollen, um endlich wieder festen Boden unter sich zu spüren.

«Ich wollte mit den Händen in der Erde graben», sagte sie. «Und Zeit für mich haben.» Das Karibikleben auf dem Boot, das sich wie ein Traum anhörte, war ein verkappter 24-Stunden-Job, bei dem es keine Möglichkeit gab, den Touristen an Bord aus dem Weg zu gehen. So kauften Michael und sie schließlich ein Haus mit einem Hektar Land in der Nähe von Remungol. Dort wollten sie wie Julia ein *Chambres d'hôtes* aufbauen. Weil das Haus komplett verfallen war, wohnten sie erst einmal in einem Wohnwagen im Garten. Neben den Renovierungsarbeiten am Haus hatten sie begonnen, ihr Gemüse selbst anzubauen und vier Hühner zu halten, um sich mit Eiern zu versorgen. Wenn es zu kalt wurde, nahmen sie sich bei Julia ein Zimmer. So hatten sich die beiden vor vielen Jahren angefreundet. Sie lebten sparsam, doch auf dem Land gab es sowieso nicht so viele Möglichkeiten Geld auszugeben wie in der Stadt. Wenn das Geld dennoch ausging, flogen sie kurzfristig zurück in die Karibik, um zu arbeiten. Inzwischen wohnten sie seit dreizehn Jahren – von kurzen Unterbrechungen abgesehen – im Wohnwagen vor dem großen Haus. Nächstes Jahr sollten die Bauarbeiten endlich abgeschlossen sein. Dann würden sie einziehen und ihr *Chambres d'hôtes* in Betrieb nehmen können.

Die unterschiedlichen Geschichten und Entscheidungen der anderen Auswanderer faszinierten mich. Viele ihrer Überlegungen kamen mir bekannt vor. Sie alle hatten vor ihrer Ankunft in der Bretagne Leben geführt, die sie einfach hätten weiterverfolgen können. Es waren Leben, die aus gesellschaftlicher Sicht erfolgreich gewesen waren: Sie hatten gute Jobs gehabt, in schönen Umgebungen gewohnt und sich teure Dinge leisten können. Doch ihr arbeitsintensiver Lebensstil nahm ihnen immer mehr Lebenszeit – und der Konsum, den sie sich dafür leisten konnten, wog das nicht auf. Im Gegenteil kostete er immer mehr Geld und machte damit wiederum mehr Karriere notwendig, die noch mehr Zeit verschlang. Es war ein Teufelskreis! Um daraus auszubrechen, hatten sie alle nach einem Weg hinter dem Mehr gesucht – und waren wie wir in der Bretagne gelandet.

Ihre neuen Lebensstile ähnelten sich: Alle wohnten sie mitten in der Natur. Alle hielten sie Tiere. Becky, Kellie und Stef bauten ihr Gemüse selbst an. Alle versuchten, weniger zu konsumieren. Sie hatten alle die Zeit, dienstagnachmittags mehrere Stunden zu Julias Französischkurs zu kommen – und auch sonst schien Zeitmangel kein Problem mehr zu sein. Und vor allem: Keine von ihnen bereute es, hierhergezogen zu sein! Ich wollte sie alle vom ersten Moment an näher kennenlernen.

Was den Französischkurs anging: Keine Frage, ich war mies darin. Aber ich strengte mich an, alle waren trotz meines Gestammels nett zu mir, und so war ich regelrecht euphorisch, als ich ein paar Stunden später zurück zum Hof fuhr.

Als ich aus dem Auto stieg, merkte ich, dass es plötzlich viel kälter war. Aber ich dachte mir nichts dabei. Anton hatte ein Feuer im Kamin gemacht, und es war gemütlich warm im Haus. Wir kochten ein indisches Curry. Zwischendurch sah ich auf meinem Handy, dass ich in die *WhatsApp*-Gruppe des Französischkurses aufgenommen worden war. Ich schenkte Anton und mir ein Glas Wein ein und erzählte ihm von meinen spannenden Begegnungen. Später kam von Becky eine Nachricht in der Gruppe. Irgendwas mit «geler». Bevor wir ins Bett gingen, nahm ich mir vor, das morgen zu übersetzen und generell mehr Französischvokabeln zu lernen.

«Geler» war das französische Wort für «gefrieren». Leider war es zu spät, als ich das am nächsten Tag herausfand. Uns erwartete ein Feld der Zerstörung. Unsere hübschen kleinen Pflänzchen in den Anzuchtstationen waren alle über Nacht eingegangen. Als wäre der Frost nicht genug gewesen, hatte es auch noch gehagelt. Der Garten war verwüstet. Es sah nicht so aus, als hätte viel überlebt. Anton schritt den Tatort ab.

«Ah, die Zucchinipflanzen auch. Und die Paprika! Die kleinen Salatbabys!» Klagend rief er die einzelnen Opfer aus. Ich hätte am liebsten geheult.

«Die ganze Arbeit …», setzte ich an. «Ich hatte mich schon so darauf gefreut, das alles zu ernten.»

Die kleinen Zucchinipflanzen lagen schlaff auf der Erde. Die

Radieschen ließen die Blättchen hängen. Selbst die Banane, die wir gepflanzt hatten, war gebeugt und braun. Vielleicht hatten ein paar der Pflanzen noch eine Chance, aber meine Laune war jedenfalls am Boden. Wir hatten die Pflänzchen jetzt fast zwei Monate lang gehegt und gepflegt, und eine einzige Nacht hatte alles zerstört. Und das, obwohl ich eine Warnung bekommen hatte. Ich ärgerte mich wahnsinnig.

«Ich will ab jetzt nur noch Zwiebeln anbauen», motzte ich Anton an. Sie waren die Einzigen, die Frost und Hagel unverändert getrotzt hatten.

Es war ein richtig mieser Tag, an dem wir immer wieder dieselben Ausrufe wiederholten, weil wir es einfach nicht fassen konnten.

Für einen Moment ertappte ich mich dabei, wie ich an meine Festanstellung in Berlin zurückdachte. Zu allen Artikeln wurden Back-ups aufbewahrt. Wenn ich etwas verlor oder eine Textdatei kaputtging, brauchte ich nur ein Ticket bei der IT einzustellen, und jemand kümmerte sich darum, dass es wieder da war und funktionierte … Hier kümmerte sich keiner um unser Problem.

«Zumindest sind wir nicht darauf angewiesen», sagte Anton am Abend. «Stell dir vor, was das für die Menschen früher bedeutet haben muss, die noch echt vom Boden gelebt haben.»

Da hatte er natürlich recht. Und so sammelten wir trotz unseres noch nicht verdauten Ärgers schließlich alles, was wir an wärmendem Material hatten, und verteilten es im Garten. Die Kartoffelpflanzen wurden unter einer dicken Schicht Heu eingemulcht. Kurz vor Einbruch der Dunkelheit nagelten wir noch Plastiktüten auf Bretter und breiteten sie als notdürftige Folientunnel im Freilandbeet aus, für den Fall, dass das Gemüse darunter doch noch lebte. Die Kiwipflanzen in der Ruine deckten wir, noch immer fluchend, mit dicken Winterwolldecken zu.

Kurz bevor wir mit dem Abdecken fertig waren, hörte ich ein Kichern. Es kam aus dem kleinen Eichenwald hinter der Ruine. Mittlerweile war es schon fast dunkel, doch auf dem Rückweg zum Haus sah ich, dass Mado und Agnès dort standen und uns beobachteten. Als ich ihnen müde und frustriert zuwinkte, grüßten sie zurück und verschwanden kurz darauf in Mados Haus.

Am nächsten Morgen weckte uns ein Klopfen an der Tür. Es waren Bill und Madeleine. Sie hatten vor unserer Tür mehrere alte Sprossenfenster aufgestapelt.

«Die sind von unserem Haus, vor den Renovierungen.»

«Aha, danke», sagte Anton verschlafen. Wir dachten sicher beide dasselbe: «Was um alles in der Welt sollen wir mit den Fenstern?»

«Wollt ihr mit uns mit einem Kaffee eine Runde durch den Wald laufen?», fragte Anton.

So starteten wir gemeinsam unsere Morgenrunde. Wir erfuhren, dass sich unsere Versuche, den Garten mit Wolldecken und Plastiktüten vor dem Frost zu bewahren, bereits herumgesprochen hatten. Unglaublich, wie schnell das hier ging! Doch statt sich über die Städter lustig zu machen, die ihr Gemüse zu früh ins Freie gestellt hatten, hatte Mado offenbar überall berichtet, dass wir Materialien brauchten, um ein Gewächshaus zu bauen, mit dem wir unser Gemüse wirksamer schützen konnten. Wir waren gerührt.

Nach unserer Runde machten Anton und ich uns auf den Weg zu Mado, um uns für ihre Fürsorge zu bedanken. Vor ihrer Tür standen fünf riesige doppelverglaste Landhaustüren. Mado kam uns schon aus dem Haus entgegengelaufen, bevor wir auf zwanzig Meter herankommen konnten.

«Die habe ich noch aufgehoben. Die könnt ihr für euer Gewächshaus brauchen!», rief sie und deutete auf die Türen. So lernte ich die Französischvokabel «serre», Gewächshaus. «Sie sind aber furchtbar schwer, ihr müsst sie mit dem Auto holen.» Sie hatte sich schon alles überlegt.

«Ein Gewächshaus ist eine tolle Idee», sagte Anton.

«Merci beaucoup», bekräftigte ich.

Ein paar Tage später fuhr Anton beim Elektriker in Pluméliau vorbei. Dort standen noch einmal mehrere Glasfenster vor der Tür. Anton fragte, und es stellte sich heraus, dass sie der Elektriker wegwerfen wollte. Also nahm Anton sie mit, und wir hatten genug alte Fenster und Türen, um mit dem Bau zu beginnen.

Und dann kam der Frühling. Als wir wenige Tage später zu unserer Morgenrunde aufbrachen, sahen wir ein kleines Wunder. Über Nacht hatten sich Tausende kleiner Blumen in unserem Wald geöffnet und tauchten den gesamten Waldboden in ein lilafarbenes Meer. Staunend standen wir am Waldrand.

«Les fleurs des corbeaux», sagte Mado feierlich, die uns von ihrer Wiese aus beobachtet hatte und zu uns geschlendert gekommen war. Glockenblumen!

«Nur in sehr alten Wäldern bedecken sie noch den ganzen Boden. Und wenn ihr die Glocken läuten hört, treffen sich die Feen.» Sie lachte auf ihre speziell-verschmitzte Art, und ich wusste nicht, ob sie wirklich daran glaubte oder es nur eine Geschichte aus ihrer Kindheit war. Mir jedenfalls gefiel die Vorstellung!

Von diesem Tag an war es warm, und wir mussten die Pflanzen nachts nicht mehr zudecken. Auch Agnès begann jetzt, ihr Gemüse ins Freiland zu pflanzen, und so machten wir uns erneut an die Vorzucht. Wir pflanzten die gleichen Gemüsesorten noch einmal an – und tatsächlich keimte es nach einigen Wochen wieder munter in den Beeten.

Wir hatten gelernt: Die Menschen hier auf dem Land halfen sich, und zwar mit einer völligen Selbstverständlichkeit. Wenn etwas schiefging, würden wir nicht alleine damit sein. Das war für uns eine neue Weise, mit Menschen zusammenzuleben. In Berlin hatte jeder sein eigenes Leben und seinen eigenen Alltag gehabt. Es war nicht möglich gewesen, so genau aufeinander zu achten und zu sehen, was die anderen wann taten. Im Gegenteil hätten wir das in Berlin wahrscheinlich als Überwachung empfunden und die Anonymität als Form der Freiheit vorgezogen. Freundschaft bedeutete in einer Millionenstadt zwangsläufig auch, sich solche Freiräume zu lassen. Man hätte gar nicht so zusammenleben können wie hier, weil man sich sonst von den vielen Menschen erdrückt gefühlt hätte.

Ich dachte in dem Zusammenhang an ein Bewerbungsgespräch, das Anton in unseren Münchner Zeiten einmal am Telefon für ein neues Projekt gehabt hatte. Sein Deutsch war damals noch nicht so gut gewesen wie heute, und ich hörte im Hintergrund mit, um notfalls mit Formulierungen aushelfen zu können.

«Warum wollen Sie am liebsten aus dem Home Office arbeiten?», hatte Antons Gesprächspartner gefragt.

«Hm», meinte Anton. «Ehrlich gesagt, ich mag nicht so gern Menschen.»

Mir war die Kinnlade heruntergefallen. Ich hätte es niemals geglaubt, aber Anton bekam trotzdem eine Zusage. Entwickler waren enorm gesucht. Vielleicht hatte es dem Personaler auch imponiert, dass Anton ehrlich gewesen war. In der Stadt war es einfach manchmal schwer, die vielen Menschen um sich herum zu ertragen. Dabei war es nicht so, dass Anton und ich damals grundsätzlich keine Menschen mochten. Wir verbrachten gern Zeit mit Freunden und fanden es spannend, neue Leute kennenzulernen. Doch in der Stadt war es uns häufig so vorgekommen, als ob die Lebensumstände eher das Gegeneinander beförderten, während sie hier das Miteinander verstärkten. Ein wichtiger Aspekt war, glaube ich, die viele Natur, die hier zwischen den einzelnen Menschen Raum hatte und mehr Platz für den Einzelnen ermöglichte.

Als man die ersten warmen Nächte draußen mit Fledermäusen und Eulen verbringen konnte, luden wir meinen Französischkurs samt Partnern zum Essen ein. Es war ein schöner Abend, wir saßen in der Ruine. Sie war mittlerweile überrankt von den Kiwipflanzen, die tatsächlich überlebt hatten. Außerdem blühten immer noch die Rosen. Wir aßen Gemüselasagne und tranken Wein.

Als wir alle so beisammensaßen, dachte ich, wie merkwürdig es war, dass ein Gasanschluss vielleicht mein Leben verändert hatte. Denn wenn der Anschluss damals im Wohnmobil an die französischen Gasflaschen gepasst hätte, wäre uns nie das Gas ausgegangen. Wir wären nie zu Julia gefahren, um dort zu übernachten – und hätten wahrscheinlich weder sie noch die anderen Auswanderer je kennengelernt.

Ein Mix aus Chihuahua
und Australischem Schäferhund

Wie wir Professor Wurst adoptierten

«Susis Welpen sind da», schrieb Julia ein paar Tage später auf *WhatsApp*. «Ihr müsst unbedingt vorbeischauen. Sie sind so süß!» Susi war eine kleine Chihuahua-Mix-Hündin, die Kellie zugelaufen war. Sie war nicht gechippt, und Kellie hatte keine Halter ausfindig machen können. So hatte sie die Hündin zu Julia gebracht, die Susi bei sich aufgenommen hatte. Damit lebten jetzt vier Hunde bei Julia. Weil sich die anderen drei leider nicht mit Susi verstanden, musste Julia darauf achten, die Hunde getrennt zu halten. Dabei war es wohl passiert, dass der Nachbarshund einmal unbemerkt zu Susi in den Garten gekommen war und sie geschwängert hatte. Der Nachbarshund war ein großer Australischer Schäferhund. Ich konnte mir nicht vorstellen, wie das bei dem Größenunterschied funktioniert hatte – aber so war es. Mit einem Kaiserschnitt bekam Susi jedenfalls fünf gesunde junge Welpen. Damit es nicht wieder passieren konnte, würde Julia sie später sterilisieren. Nun musste sie aber erst einmal die Welpen aufziehen.

Als wir sie zum ersten Mal sahen, waren sie drei Tage alt und kleiner als eine Hand. Ihre Augen waren noch geschlossen, und bis auf ein Fiepen gaben sie nicht viel von sich. Sie lagen alle auf einem Haufen, und Susi achtete darauf, dass sie regelmäßig bei ihr tranken. Zwei waren ganz schwarz, zwei bunt gefleckt, eine schwarz-weiß.

«Wie goldig sind die denn!» Anton und ich waren hin und weg.
«Wollt ihr einen?», fragte Julia sofort. Es klang, als hätte sie das
schon geplant gehabt. Das fiel mir in dem Moment aber nicht auf.
Ich druckste herum. Wir wollten tatsächlich noch einen zweiten Hund. Twix hatte zwar unbegrenzt Platz, um sich zu bewegen und konnte rein und raus, wann er wollte. Doch er traf auf
Spaziergängen hier selten andere Hunde. Eigentlich nur den Schäferhundmischling von Bill und Madeleine. Deshalb hatten wir
überlegt, dass er vielleicht gern einen Kollegen haben würde. Na,
und ich selbst hätte am liebsten ein ganzes Rudel Hunde um mich
herum gehabt! Mit Hunden hatte man immer jemanden zum
Kraulen, jemanden, der einen aufheiterte und mit einem Quatsch
machte, der immer gut drauf war und einem die Füße wärmte.
Trotzdem konnten wir das nicht so schnell entscheiden. Zumal
der Welpenbesuch bei mir akutes Puppy-Brain ausgelöst hatte: Ich
konnte nicht mehr klar denken und sprach noch Stunden später
mit quietschend hoher Stimme.

Außerdem hatten wir uns vorgenommen, wieder einen Hund
aus einem Tierlager in Kroatien zu adoptieren. Aus Twix war über
die Jahre ein so treuer und liebevoller Begleiter geworden, dass
ich mir gar nicht mehr sicher war, wer in Wahrheit damals wen
gerettet hatte. Andererseits kam es uns aber auch nicht richtig vor,
einen Hund aus Kroatien herzubringen, wenn Welpen aus der
Nachbarschaft ein Zuhause brauchten. Außerdem waren die kleinen Hunde, wie ich vielleicht schon erwähnt habe, verdammt süß.

Zwei Wochen später sagten wir Julia zu, einem der Welpen ein
Zuhause zu geben. Bis er alt genug dazu war, würden wir ihr mit
den Welpen helfen und dabei unseren neuen Hund näher kennenlernen. Anton wählte einen bunt gemusterten Welpen, dem wir
den bretonischen Namen Argon gaben. Nach kürzester Zeit hörte
unser Welpe – wenn er nicht gerade etwas Besseres zu tun hatte –

aber auch auf allerlei Spitznamen wie Flatteröhrchen, Tiny, Gurke und Professor Wurst.

Twix ignorierte Argon anfangs, später freundeten sich die beiden auf einer Art Heidi-Großvater-Ebene an: Argon versuchte Twix ständig zum Spielen zu motivieren, und Twix brummte als Reaktion mürrisch, aber gutmütig vor sich hin.

Argon war von Anfang an ein lustiger Hund, der voller Energie steckte und ein abnormal gutes Selbstbewusstsein hatte – um nicht zu sagen: Er war saufrech. Als wir den winzig kleinen Welpen später zum ersten Mal zu einem Grillfest bei Bill und Madeleine mitbrachten, nahm er deren ausgewachsenem Schäferhund-Mix gleich den Ball weg und knurrte, als dieser ihn zurückfordern wollte. Wir hatten mit Argon eine Menge zu tun, aber auch viel Spaß. Und, wie jeder Hundehalter bestätigen wird: Mit Hunden lernt man unglaublich leicht neue Leute kennen!

Auf einem der ersten Spaziergänge mit Twix und Argon kamen wir durch das Nachbardorf Kerdavid. Wie unser Dorf Kerjégu hatte es eine Einwohnerzahl im einstelligen Bereich und bestand ebenfalls vor allem aus alten Steinhäusern. Ein paar Meter vor uns stand ein Mann auf der Straße. Ich diskutierte gerade mit Anton, wie wir einen Riss in unserem Kamin stopfen konnten, durch den Rauch ins Wohnzimmer kam. Dadurch war ich einen Moment lang abgelenkt, und Argon riss sich los und rannte auf den Mann zu. Er sprang an ihm hoch, hinterließ dunkle Pfotenabdrücke auf dessen beigefarbener Hose und gab dabei quietschende Geräusche von sich.

«Da hinterlassen wir ja gleich einen super Eindruck», dachte ich noch, als der Mann sich herunterbeugte und Argon auch noch dessen Gesicht abschleckte. Als wir näher kamen und uns entschuldigten, meinte der Mann in einem freundlichen Ton: «Ah, Anton and Regine, nice to meet you!»

Ich war perplex. Ich sah diesen Mann zum ersten Mal. Für einen Moment lang war ich überzeugt davon, dass er mit Hunden sprechen konnte.

«Kennen wir uns?», fragte ich auf Englisch.

«Ich bin Nick», sagte er und gab mir die Hand.

«Meine Frau und ich sind aus England. Mado hat mir von euch erzählt. Jeder kennt euch hier im Dorf. Ich wohne dort drüben. Wollt ihr reinkommen?»

«Klar, gern», antwortete Anton neugierig.

Nicks Garten hatte einen sehr kurz geschnittenen Rasen, und es gab ein extrem ordentlich angelegtes Gemüsebeet. Er hatte auch zwei Hunde, mit denen sich unsere beiden auf Anhieb verstanden.

«Ich stelle euch noch Gordon vor», sagte er, als wir unsere Besichtigungsrunde beendet hatten.

«Gordon», rief er zum Wald hinter seinem Garten gedreht. «Gooooordon.»

Einen Augenblick später erschien eine Ziege zwischen den Bäumen und kam auf uns zu.

«Gordon hat sich nicht einzäunen lassen. Egal, was ich versucht habe, er ist immer wieder ausgebrochen. Er lebt lieber frei», meinte Nick. «Er passt auf den Wald auf.»

Nick war aus England ausgewandert, um in der Bretagne ein selbstbestimmteres Leben zu führen. Zuerst hatte er mehrere hundert Kühe gekauft und versucht, von der Milchproduktion zu leben. Als das nicht geklappt hatte, hatten er und seine Frau Sharon es mit Ziegen versucht und in deren Auslauf Weihnachtsbäume für den Verkauf gezogen. Allerdings hatten die Ziegen die Weihnachtsbäume gefressen – und mittlerweile gab es nur noch Gordon. Außerdem führten sie auch ein *Chambres d'hôtes* in ihrem Haus. Eigentlich war Nick aber Tischler. Schon beim ersten Gespräch wurde uns klar, dass dieser Mann im Grunde alles konnte.

Außerdem gab er Anton und mir sofort das Gefühl, einfach drauflos plaudern zu können. Wir erzählten ihm sogar von dem Riss in unserem Kamin. Und er war überhaupt nicht böse, dass Argon sich ihm so aufdringlich vorgestellt hatte.

Nach dem Erlebnis beim Spaziergang war uns klargeworden, dass wir Argon mehr an Menschen gewöhnen mussten. Weil die nächsten größeren Städte zu weit entfernt waren, unternahmen wir einen Ausflug in die kleine Stadt Vannes. Sie war die Hauptstadt unseres Départements Morbihan und gleichzeitig ein gut erhaltenes Fachwerkörtchen mit rund 50 000 Einwohnern. Nach der etwa einstündigen Anfahrt begann für Argon der pure Begrüßungsstress. Er sprang auf der Straße an jedem Passanten hoch und sauste daraufhin sofort zum nächsten, um auch diesem «Hallo» zu sagen. Es dauerte mehrere Stunden, bis er erschöpft aufgab und an den entgegenkommenden Fußgängern endlich grußlos vorbeiging. Danach nahmen wir ihn zum Training in eine volle Strandbar nach Guidel mit.

Meiner Überzeugung nach hat jeder Hund mindestens eine Superkraft. Während es Twix' Superkraft war, sich bei Bedarf unsichtbar zu machen, indem er so ruhig und ausgeglichen war, dass wir ihn auf einer Zugreise quer durch Montenegro unentdeckt in einer *Ikea*-Tüte hatten mitnehmen können, war es Argons Superkraft, im Mittelpunkt zu stehen. Fremde Frauen standen vor unserem Tisch in der Strandbar Schlange, um den Welpen berühren zu dürfen. Argon nahm die Aufmerksamkeit und Streicheleinheiten mit einer Selbstverständlichkeit zur Kenntnis, die mich ahnen ließ, dass uns dieser Hund auf Trab halten würde. Zwei der Frauen stolperten trotz meiner Warnungen über Twix, der gleichzeitig von *seiner* Superkraft Gebrauch machte. Es war ein schöner, aber sehr anstrengender Tag.

So entwickelte sich nicht nur tagsüber ein neuer Alltag bei uns im Haus. Nachts kamen die Hunde irgendwann gegen zwei Uhr in unser Bett, und wir schliefen dort alle vier auf einem Rudelhaufen. Ich weiß, dass viele Menschen Hunde im Bett nicht mögen, aber für mich gibt es nichts Gemütlicheres als warme müde Hunde, die sich im Halbschlaf an einen ankuscheln und sich dann mit einem leisen Seufzer ganz ins Land der Träume verabschieden.

Projekt Selbstversorger

*Wie wir es schafften, dass wir kein Gemüse
mehr zukaufen mussten*

Am nächsten Morgen war ich gerade zum Jäten im Garten, als ich Argon vor Freude quietschen hörte. Ich ging dem Geräusch nach und sah Nick, der mit dem überraschten Anton vor unserer Haustür stand.

«Ich habe hier alles, was wir brauchen. Lass uns mit dem Kamin gleich loslegen, dann können wir den Riss bis zum Mittag flicken.»

Die Hilfsbereitschaft unserer Nachbarn verblüffte uns immer wieder aufs Neue. Nick hatte eine Metallplatte mitgebracht, die er hinter dem Kamin befestigte. Die offenen Spalten dichteten Anton und er mit einer brennfesten Paste ab. Als alles fertig war, luden wir ihn und seine Frau Sharon zum Essen ein. Es wurde ein schöner Abend: Sharon sang irische Volkslieder, und Anton, der wieder angefangen hatte, regelmäßig Gitarre zu spielen, begleitete sie.

Ein paar Tage später lernten wir auch ihre Tochter Natascha auf der Straße kennen. Sie kam uns mit den Worten entgegen: «Ich war neugierig, mal die anderen Vegetarier kennenzulernen!»

Bis heute ist es mir immer noch ein Rätsel, wie schnell sich hier auf dem Land Nachrichten verbreiten. Und dass so etwas wie unsere Ernährungsgewohnheiten überhaupt zu den Nachrichten zählt!

Natascha war nur während der Semesterferien hier und studierte in England Umweltwissenschaften. Sie gab uns viele Tipps für den Gemüsegarten. Nach drei Monaten in der Bretagne ernteten wir mittlerweile täglich Salat, Radieschen, Zuckererbsen und Erdbeeren. Die restlichen Pflanzen schossen nur so aus dem Boden.

Im John-Seymour-Beet stand alles kreuz und quer. Das lag daran, dass wir die Vorzuchttöpfchen nicht ausreichend markiert hatten. Beim Aussetzen hatten wir nicht alle Pflanzen richtig zuordnen können, sodass eine bunte Gemüsemischung entstanden war, die dem Begriff «querbeet» seine ursprüngliche Bedeutung zurückgab. Zum Ernten des Gemüses musste man langsam durch die Beete gehen und schauen, was es alles gab. Das war ein bisschen umständlich.

Noch ärgerlicher würde dieser Fehler im zweiten Jahr werden, weil wir die Fruchtfolge nicht würden einhalten können. In der Fruchtfolge wechselt man den Standort der verschiedenen Gemüsesorten jedes Jahr, um den Boden nicht auszulaugen und den Ernteertrag nicht zu verkleinern. Auf Pflanzen, die dem Boden besonders viele Nährstoffe entziehen – sogenannte Starkzehrer –, folgen Mittelzehrer wie Karotten und Salat. Im Folgejahr kommen Schwachzehrer wie Bohnen oder Radieschen auf das ehemalige Mittelzehrer-Beet. Danach wird Gründünger ausgebracht, und schließlich startet der Kreislauf wieder mit den Starkzehrern. Bedingt durch unser Pflanz-Chaos im ersten Jahr hätten wir uns nun die Position jeder einzelnen Pflanze merken und darauf die Folgepflanze abstimmen müssen – viel zu kompliziert. Wir würden das Problem schließlich lösen, indem Anton im zweiten Jahr weitere etwa dreißig Quadratmeter Wiese urbar machte und ein neues Kartoffelbeet anlegte. Die alten Gemüsebeete würden wir neu umgraben, wobei auch Sepp Holzers Hügelbeete fallen würden. Sie funktionierten bei uns weniger gut als die John-Seymour-Methode – die Erhebungen trockneten zu stark aus. Die alten Gemüsebeete würden wir im zweiten Jahr in vier Bereiche einteilen. Von da an würden die Pflanzen in parademäßiger Fruchtfolge auf den Beeten wechseln. Im ersten Jahr waren wir davon aber noch weit entfernt. Außerdem kämpfte sich das Gras immer wieder seinen Weg durch die frischen Beete. So verbrachte ich viel Zeit damit, es auszurupfen, aber das machte mir gar nichts aus. Im Gegenteil: Es war beruhigend, so viel in der Erde zu wühlen. Ich fühlte mich dabei als Teil einer langen Tradition. Seit 5000 vor Christus betrieben Menschen in der Bretagne Ackerbau. Genau an dieser Stelle hatten vielleicht schon Generationen von Männern und Frauen während Tausenden von Jahren im Boden gegraben und gehofft, hier Pflanzen zum Wachsen zu bringen. Meine Arbeit kam mir sinnvoll und essenziell vor.

Noch immer hatte ich mich jedoch nicht an das Gefühl gewöhnt, dass uns dieses Land gehörte. Während ich mit der Gartenschaufel einen Büschel Gras aushob und die Erde wieder glattstrich, fragte ich mich manchmal, wie weit nach unten unter die Erde unser Land eigentlich ging. War jetzt alles hier drunter bis zum Erdkern «unseres»? Und was war mit der Luft über unserem Land? Gehörte es uns bis zum Ende der Troposphäre? Und ist es nicht auch schräg, dass man in eine Welt geboren wird, in der alles – jedes noch so kleinste Stückchen Land – schon verteilt ist? Beim «Unkraut»-Rupfen hatte ich viel Zeit, mir solche Gedanken zu machen. Am merkwürdigsten fand ich, dass ich mir diese Fragen vorher nie gestellt hatte. In Berlin war auf Partys viel über Eigentum, bedingungsloses Grundeinkommen und andere Dinge gesprochen worden, auf die man als Mensch angeblich ein Recht habe. Ich hatte da immer ordentlich mitdiskutiert. Wenn ich mir die Erde aber mal so anschaute, fragte ich mich, woraus wir auf all diese Rechte für uns Menschen schlossen. Und ob wir nicht viel mehr dazu da waren, die Natur intakt zu halten – wenn wir schon die Fähigkeit hatten, in ihr nach einem Sinn zu suchen.

Die Zuckererbsen mussten wir täglich ernten. Denn nur dann stellen die Pflanzen immer wieder neue Zuckererbsen her. Und man glaubt nicht, wie schnell sie nachproduzieren! Ich mag die platten grünen Erbsen nicht nur wegen ihres Geschmacks, sondern auch, weil sie den Boden verbessern. An ihren Wurzeln haften Bakterien, die Luftstickstoff in pflanzenverfügbare Stickstoffe umwandeln. Solche Infos las ich mir abends in unseren Selbstversorger-Büchern an. Und auch Becky gab uns viele wichtige Tipps. Sie sprach gern über ihren Garten und war ein wandelndes Gemüselexikon.

Wir hatten die Erbsen an einer Seite des Gemüsebeets gegen den lebenden Zaun gesetzt, und sie umrankten ihn im Nullkommanichts. Danach wickelten sie sich einfach noch in einer zweiten Schicht darum. Sie waren pflegeleicht, und wir ernteten so reichlich, dass wir bald jeden Tag Zuckererbsen aßen. Oft steckten wir sie direkt an Ort und Stelle roh in den Mund.

Auch die Nachbarn bekamen regelmäßig Bio-Kisten von uns vor die Tür gestellt. Mado beantwortete unsere Lieferungen mit Eiern ihrer Hühner. Sie beschrieb dafür alte Eierkartons mit ihrem eigenen Label: «Les bons œufs de Kerjégu».

Im Endeffekt war es jetzt nur noch eine Frage der Zeit, bis wir in Sachen Selbstversorgung einen Stand erreichten, bei dem wir kein Gemüse mehr würden zukaufen müssen. Den Ausschlag gaben Mitte Juli, etwas mehr als vier Monate nach unserer Ankunft in der Bretagne, die Kartoffeln. Während an einer Radieschenpflanze, wie ich in unserem ersten Gartenprojekt zu meiner Schande mit Überraschung festgestellt hatte, nur *ein* Radieschen hängt und kein Gummiband mit zehn Radieschen wie im Supermarkt, kann man unter einer Frühkartoffelpflanze den ganzen

Sommer über bis in den Herbst hinein regelmäßig Kartoffeln ausgraben. Mit unseren gut zwanzig Kartoffelpflanzen der niederländischen Sorte *Bintje* erhielten zwei Erwachsene genug Kohlenhydrate zum Leben.

Um die Kartoffeln zu ernten, gräbt man vorsichtig an der Wurzel ein Stück weit auf, greift hinein und sucht nach den großen festen Knollen. Hat man sie gefunden, zieht man sie heraus und verschließt das Erdloch wieder, um die Pflanze nicht zu schädigen. Die Überraschung ist immer groß, was man findet. Kartoffeln haben die unterschiedlichsten Formen, und die eigenen schaut man sich natürlich besonders gründlich an. Außerdem bilde ich mir ein, dass sie viel intensiver schmeckten als jede gekaufte Kartoffel, die ich bis dahin gegessen hatte.

Unser erstes komplettes Selbstversorgergericht sah so aus: Kartoffeln mit Zuckererbsen, gelbe Zucchini und dazu ein Gurken-Radieschensalat. Oft machten wir in den ersten Monaten auch große Salatteller mit grünem Salat, Radieschen, Zuckererbsen, schwarzem Rettich, Tomaten und Salbei. Häufig gab es dazu noch ein gekochtes Ei von Mados Hühnern.

Eine besondere Ästhetik hatten für mich die Auberginen. Ich kannte die Früchte nur aus dem Supermarkt und hatte keine Ahnung gehabt, wie wunderschön die Pflanzen sind! Sie sind die Goths im Gemüsebeet. Sie schützen ihre glänzenden Früchte mit großen tiefschwarzen Stacheln. Ich briet die Früchte in Olivenöl (nicht selbst hergestellt) und gab gewürfelte Tomaten, Basilikum und Thymian (alles selbst angepflanzt) dazu. Zu dieser leckeren Soße schmeckten Kartoffeln.

Neben der nicht eingehaltenen Fruchtfolge machten wir im ersten Jahr noch einen weiteren Fehler: Wir hatten zu wenig Tomaten. Weil Tomaten keinen Regen abbekommen dürfen, hatte Anton aus einem Regalrahmen, den wir beim Einzug im Keller gefunden hatten, ein Tomatenhaus gebaut. Dafür hatte er einfach eine Plastikfolie über den Rahmen gespannt, damit Sonne durch den Rahmen kam, aber kein Regen. Es passten etwa zehn Tomatenpflanzen hinein. Diese Anzahl reichte ab und zu für einen guten Salat und zu besonderen Anlässen für eine Soße. Um aber regelmäßig Tomatensoßen herzustellen, waren es für zwei Personen bei weitem nicht genug. So ließen wir im ersten Sommer oft die Soße beim Essen weg. Ab dem zweiten Jahr würden wir dann unsere Tomatenproduktion verdreifachen.

In unserem Gemüsegarten wuchsen in diesem Sommer außer Kartoffeln, Auberginen, Zuckererbsen, Salaten und Tomaten noch Puffbohnen und grüne Bohnen, Paprika, Zucchini, Mangold, Kohlrabi, Blumenkohl, Grünkohl, Pastinake, Karotten, Gurken, Melonen, Kürbisse, Mais, Radieschen, schwarzer Rettich, Knoblauch, Zwiebeln und Artischocken. Außerdem hatten wir Topinambur im Kübel und im Gewürzgarten Schnittlauch, Basilikum, Petersilie, Salbei, Thymian, Koriander und Pfefferminze. An Obst ernteten wir über das Jahr Erdbeeren, Pflaumen, Kirschen, Feigen, Brombeeren, Himbeeren, Stachelbeeren, schwarze Johannisbeeren, Weintrauben und Aronia-Beeren. Später im Herbst sollten noch Kastanien, Walnüsse, Haselnüsse und Pilze aus dem Wald und im Winter massenweise Kiwis auf den Speiseplan kommen. Unser Gemüsegarten hatte im ersten Jahr eine Größe von nur etwa hundert Quadratmetern, dazu kam ein kleiner Gewürzgarten von maximal zehn Quadratmetern. Die Bäume und Sträucher standen außerhalb des Gemüsegartens auf der Wiese und in der Ruine. Für zwei motivierte Erwachsene reichte das, um sich den Sommer über weitgehend mit Essen zu versorgen.

Während der Sommermonate mussten wir kein Gemüse mehr zukaufen und gingen überhaupt fast nicht mehr in den Supermarkt. Wenn wir doch einmal einkauften, kauften wir zum Beispiel Olivenöl, Balsamico-Essig, Kaffee, Wein und Bier, Brot (oder Mehl und Hefe zum Selbstbacken), Schokolade, Toilettenpapier und Ökoputzmittel, das die Bakterien in unserem Septic Tank vertrugen.

Der Kühlschrank blieb überraschend leer dafür, dass wir immer genug zu essen hatten. Vor dem Essen gingen wir mit einer Salatschüssel und einem Messer in den Garten und ernteten. Danach wurde direkt zubereitet. Das Gemüse schmeckte unglaublich intensiv! Tatsächlich habe ich noch nie so gut gegessen wie in diesem ersten Sommer.

Wer sich jetzt vorstellt, dass wir abends bucklig und müde von der harten Arbeit still unser Essen kauten, wird sich wundern. Über den Sommer hatten wir weniger im Garten zu tun, als wir erwartet hätten. Wir holten Wasser vom Brunnen und gossen die Pflanzen. Dazu rupften wir regelmäßig etwas «Unkraut». Ab und zu mussten die Bohnen und Tomaten neu gestützt werden. Und alle paar Wochen säten wir Salat und Radieschen neu aus. Ehrlich, das war's! Wir zogen die Kartoffeln direkt unter einer Lage alten Reets vom Dach unseres Hauses, sodass wir sie nicht einmal anhäufeln mussten. Wir brauchten lange, weil wir viel ausprobierten, uns noch nicht gut auskannten und uns einfach gern mit dem Anbau unseres Essens beschäftigten. Wenn man es aber wirklich schnell hätte machen wollen und statt unserer Brunnenbewässerung mit der Hand auf eine elektrische Pumpe und einen Gartenschlauch gesetzt hätte, hätten zwei Personen im Sommer mit etwa dreißig Minuten Arbeit pro Tag schon viel erreichen können. Einkaufen in Berlin dauert länger, man bekommt keine wirklich frischen Lebensmittel – und muss viel mehr dafür bezahlen!

Wir fuhren so selten zum Supermarkt, dass es mir irgendwann merkwürdig vorkam, durch die langen Regale zu laufen. So viele Lebensmittel, in bunten Packungen versteckt, bei denen eigentlich kein Mensch weiß, was da alles drin ist! Wir hielten uns oft ungewöhnlich lange in dem Geschäft auf, weil wir die Zutatenlisten auf den Packungen lasen. Am Ende kauften wir doch fast nichts, weil uns das meiste nicht mehr gesund vorkam. Zum ersten Mal fiel mir auf, wie unlogisch es war, dass unbehandelte – also natürlich angebaute – Lebensmittel mit «*Bio*» gekennzeichnet wurden, während behandelte Lebensmittel keine Kennzeichnung trugen. Wäre es nicht umgekehrt viel logischer? Also statt «Bio-Trauben» lieber «Trauben mit Pestiziden» auszuweisen und so weiter? Nicht gut fürs Geschäft der nichtbiologischen Landwirtschaft – aber ehrlicher wäre es.

Auch der viele Verpackungsmüll erschien mir jetzt idiotisch. Am schrägsten fand ich die Produkte für die Mittagspause in den Kühlschränken neben dem Gemüse. Geschälte Bananen eingeschweißt in Plastik! Geht's noch? Gerade die Banane hat doch eine phantastische natürliche Verpackung! Wir kauften sowieso keine Bananen, weil wir unser eigenes regionales Obst im Garten hatten, aber ich konnte mich dennoch plötzlich über den ganzen Müll im Supermarkt so aufregen, dass Anton mich damit aufzog. Ich war zur Ökotante geworden! Wir selbst hatten durch unsere Selbstversorgerversuche zum Glück automatisch viel weniger Plastikmüll als früher. Das war natürlich auch deshalb praktisch, weil es bei uns keine Müllabfuhr gab.

Weil der Einkauf im Supermarkt für mich ein großes Ereignis geworden war – vor allem die Tatsache, dass es ein Ereignis geworden war –, erzählte ich davon im Französischkurs. Ich war erstaunt, dass alle auf Anhieb wussten, was ich meinte.

«Mir ging das genauso, als wir das letzte Mal in London waren», erzählte Becky. «In dieser Stadt war ich mal zu Hause, habe ich mich immer wieder erinnert. Aber es hat sich alles fremd angefühlt. Man konnte nirgends frisches Essen herbekommen. In den

Supermärkten ist ja das Gemüse im Vergleich zum Garten immer alt, mir hat nichts geschmeckt. Ich bin nur lustlos und hungrig zwischen den Regalen herumgelaufen. Und es gab einfach nichts zu tun in der Stadt. Nicht mal einen Waldspaziergang konnte man machen, weil es keine richtige Natur gibt. Keiner hat einen Garten, in dem man etwas hätte unternehmen können. Überall standen Leute im Weg, und es war so wenig Platz draußen, dass man am besten gleich drinnen blieb. Selbst in der Wohnung aber war die Luft schlecht. Eigentlich nicht zum Aushalten!»

Ich grinste. Verkehrte Welt. Die Leute vom Land sahen die Stadt anscheinend in Sachen Freizeitaktivitäten ganz ähnlich wie die Städter das Land. Ich erinnerte mich noch gut an die Einwände einiger Freunde vor unserem Umzug: «Was wollt ihr denn da den ganzen Tag machen? Da gibt's doch nichts zu tun! Und nicht mal ein Café in der Nähe! Euch wird bestimmt schnell langweilig werden!»

Von wegen …

Der Besuch der Jäger

Wie wir unser Land in ein offizielles Wild-
tierschutzgebiet verwandelten

«Du hast *was* gemacht?», fragte meine Mutter aufgebracht am Telefon. «Ein Wildtierschutzgebiet auf eurem Land, um die Jagd zu verbieten!? Die Jäger werden vor Wut kochen. Die jagen dort schon seit Generationen, und dann kommen zwei Ausländer und wollen gleich mal die Regeln ändern. Die werden eure Hunde vergiften!» Mir wurde etwas mulmig zumute, und ich merkte, wie Angst in mir hochkroch. Ich wusste natürlich, dass die Jagd in den ländlichen Gegenden Frankreichs – wie in Deutschland auch – eine lange Tradition hatte. Im Wald und am Feldrand waren wir ihnen immer mal wieder begegnet: dem stolzen Großvater mit dem gerade erst erwachsenen Enkel, der schon ein Gewehr über der Schulter trug. Die Jagd galt als Hobby, man verabredete sich, um gemeinsam Wild zu schießen. Es waren vor allem Männer, die so ihre Familienbande und Freundschaften pflegten. Vielleicht steckte dahinter auch die Suche nach etwas Ursprünglichem, Archaischem, die Sehnsucht nach einer Zeit, in der alles scheinbar übersichtlicher war. Schließlich hatten sich die Menschen schon lange vom Jagen ernährt, bevor sie mit dem Gemüseanbau begonnen hatten.

Und natürlich konnte ich nachvollziehen, dass es keinen besonders guten Eindruck macht, wenn man aus Deutschland in die Bretagne umzieht und dort erstmal Verbotsschilder aufstellt. Dennoch: Die Jagd war Anton und mir von Anfang an ein Dorn im

Auge. Wir waren hierhergezogen, um ein Leben im Einklang mit der Natur zu führen und die Ausbeutung von Tieren nicht mehr zu unterstützen, und dann wurden ausgerechnet auf unserem Land jedes Jahr Rehe, Hasen, Füchse und was weiß ich noch für Tiere erschossen. Klar, hatten diese Tiere wahrscheinlich ein besseres Leben als die sogenannten Nutztiere aus der Massentierhaltung. Aber getötet wurden sie dennoch. Weil die Jagd gesetzlich bis wenige Meter ans Haus heran auch auf fremden Grundstücken erlaubt war, konnte man sie auch nicht so einfach verbieten.

Stef, die ebenfalls nichts davon hielt, half uns schließlich dabei, es dennoch zu tun. Sie machte uns auf die französische «Association pour la protection des animaux sauvages» (ASPAS) aufmerksam. Die Organisation bot rechtliche Unterstützung an, mit der man sein Land in ein offizielles Wildtierschutzgebiet umwandeln konnte. In Schutzgebieten durfte grundsätzlich nicht gejagt werden. Alles, was man dafür tun musste: ein paar Formulare ausfüllen und jährlich einen kleinen Betrag bezahlen. Ich lud sofort alles im Internet herunter, unterschrieb und fuhr mit dem Rad zur nächsten Post nach Pluméliau, um den Brief einzuwerfen. Als auf dem Rückweg zwei Fasane vor mir die Straße kreuzten, hatte ich den Eindruck, alles richtig gemacht zu haben.

Nach dem Gespräch mit meiner Mutter war dieses Gefühl allerdings verschwunden. Anton versuchte, mich zu beruhigen: Unsere 1,3 Hektar konnten unmöglich so wichtig für die Jäger sein. Vielleicht konnten wir ihnen ja unsere Gründe irgendwie erklären? Dabei würde aber natürlich auch auffallen, wie schlecht unser Französisch immer noch war. Das war sicher kein guter Auftakt, wenn man um Verständnis werben wollte. Wir wollten hier ruhig leben, uns integrieren und keinen Streit anfangen. Also entschlossen wir uns, erstmal nichts zu tun und abzuwarten, was passieren würde.

Es dauerte etwa sechs Wochen, bis uns ein Mitarbeiter von ASPAS schrieb, dass unser Land nun offiziell ein Wildtierschutzgebiet war. Die Organisation hatte bereits den Präsidenten des örtlichen Jagdverbandes sowie den Bürgermeister von Pluméliau informiert. Wir bekamen fünf Schilder, die wir gut sichtbar an den verschiedenen Eintrittspunkten zum Land aufstellen sollten. Jäger mussten hinter diesen Schildern draußen bleiben! Auch ihre Hunde durften die Grenzen nicht überqueren. Außerdem enthielt das Schreiben Vorschläge für verschiedene Maßnahmen, die wir einleiten konnten, um den Artenreichtum zu fördern.

Letzteres machte uns total Spaß! Wir hängten einen Eulenkasten auf, um den Waldkäuzen, die wir nachts hörten, ein Dach über dem Kopf zu bieten. Aus einer alten *Ikea*-Schublade baute ich außerdem ein Haus für Schleiereulen. Das war ziemlich einfach: Die Schublade hatte bereits drei Wände. Als vierte Wand sägte ich eine Holzplatte so zu, dass sie genau auf die drei anderen passte. Auf der Webseite des Naturschutzbunds NABU fand ich eine Bauanleitung für Schleiereulenkästen, in der stand, dass die Türöffnung idealerweise achtzehn Zentimeter hoch und zwölf Zentimeter breit sein sollte. Diese Maße sägte ich aus der vierten Wand heraus. Weil Schleiereulen es nicht mögen, wenn Licht direkt in ihr Haus einfällt, sägte ich noch eine Stellwand zu, die hinter dem Eingang den Lichteinfall ein wenig reduzierte. Die Eulen könnten um die Stellwand herumlaufen und dahinter im Halbdunkel ihre Jungen großziehen. Die Stellwand und die vierte Wand nagelte ich am Rest fest. Das Ganze hatte nur einen Nachteil: Die Schublade war ziemlich schwer.

«Und ich ahne schon, wer die Ehre hat, das Teil im Baum zu befestigen …», kommentierte Anton mit gespielter Leidensmiene, als er das Ergebnis begutachtete. Da hatte er natürlich recht. Es klappte aber gut, und seitdem hängt eine Schublade auf knapp sechs Metern Höhe in einem der wenigen Nadelbäume unseres Waldes. Außerdem montierten wir unterschiedliche Vogelhäuschen, Fledermauskästen, Eichhörnchenhäuschen und Eichhörnchenfutterstellen für den Winter. Unter einem Haufen Reet bauten wir ein Igelhaus. Und wir dachten über Bienenhaltung nach. Wie in Deutschland sind auch in der Bretagne viele Bienenarten vom Aussterben bedroht. Zuerst hatten wir überlegt, uns Bienenkästen zuzulegen – so könnten wir gleichzeitig nebenher Honig produzieren. Beim weiteren Recherchieren erfuhren wir allerdings, dass Imkern das Bienensterben sogar begünstigen kann, weil die Bienen ja eigentlich den Honig als Nahrung für sich und ihre Jungen herstellen. Viele Imker entnehmen den Honig und füttern die Bienen stattdessen mit einer Zuckerwassermischung. Sie enthält weniger Nährstoffe als die natürliche Nahrung, also der Honig, und kann die Bienenvölker schwächen. In der industriellen Bienenhaltung werden außerdem sehr viele Bienen auf engem Raum gehalten. Wenn die durch die Ersatznahrung geschwächten Bienen krank werden, verbreiten sich die Krankheiten daher wie ein Lauffeuer. Vor einiger Zeit war es zum Beispiel die Varroose gewesen, die Tausende von Bienen das Leben gekostet hatte. Dabei wurden die Bienen von Milben befallen, die Krankheiten übertrugen und das Immunsystem schwächten. Die betroffenen Bienen blieben klein und starben früh. Damit nicht genug: Die kranken Tiere steckten leider auch viele Wildbienen an.

Natürlich gibt es für das Bienensterben noch viele andere Ursachen, zum Beispiel die Pestizide aus der Landwirtschaft und die Monokulturen, die sie weniger Blütenpollen finden lassen. Aber mit dem Imkern würden wir es – zumindest nach unseren Recherchen – nicht unbedingt besser machen. Und so wichtig war uns Honig dann auch nicht.

Doch so ganz wollten wir unseren kleinen Beitrag gegen das Bienensterben trotzdem noch nicht aufgeben. Wir konnten den Bienen ja dennoch möglichst gute Bedingungen auf unserem Land schaffen und ihnen ihren Honig einfach selbst überlassen, überlegten wir. Das erschien uns am Sinnvollsten – und kam letztlich auch uns selbst zugute, denn die Bienen waren unsere Mitarbeiterinnen. Würden sie unsere Pflanzen nicht mehr bestäuben, hätten wir keine Nahrung mehr. Wir schützten sie also auch aus ganz egoistischem Interesse. Im Grunde war es nicht einmal eine Schutzmaßnahme, sondern ein Tarifvertrag, den wir den Bienen für ihre Arbeit anboten: Würden sie ihn annehmen, könnten wir weiter Gemüse ernten.

«Aber wir stellen Wildbienen ein», meinte Anton. «Schließlich ist das hier jetzt ein Wildtierschutzgebiet.»

«Ich finde es auch besser, den Bienen zu helfen, die von Natur aus da sind, und keine gezüchteten zu kaufen», pflichtete ich ihm bei. «Am Ende werden die gezüchteten sonst noch krank und stecken die Wildbienen an.»

Zuerst mussten wir sicherstellen, dass die Wildbienen bei uns genug zu essen hatten. Das war gar nicht so einfach, denn die bienenfreundlichen Pflanzen mussten so abgestimmt werden, dass immer etwas blühte, das Nahrung bot. Lücken sollte es im Speiseplan schließlich nicht geben. Das Bundesministerium für Ernährung und Landwirtschaft in Deutschland hat ein gutes Bienenlexikon herausgegeben, das man online herunterladen kann. Darin ist aufgelistet, welche Pflanzen aufgrund ihrer Pollen oder ihres Nektars besonders geeignet sind. Wir pflanzten zwei zusätzliche Apfelbäume, einen weiteren Kirschbaum, eine Menge Himbeeren und Brombeeren sowie eine Christrose und säten Lavendel, Salbei, Koriander, Oregano, Rosmarin, Zitronen-Melisse und Kapuzinerkresse. Später würden wir fürs Frühjahr noch Krokusse stecken. Die meisten Pflanzen konnten wir entweder selbst vermehren, säen oder bekamen sie von Freunden aus dem Französischkurs, die Samen übrig hatten. Die Bäume und die Christrose kauften wir.

Ich hatte gelesen, dass nicht alle bedrohten Bienenarten künstliche Nistplätze annehmen. Indem wir einen Teil unseres Grundstücks komplett der Natur überlassen würden, hofften wir automatisch mehr Bienen anlocken zu können, weil es dadurch mehr natürliche Nistplätze geben würde. Auf kurze Sicht brachte es ja aber vielleicht etwas, wenn wir zusätzlich Wildbienen-Hotels aufhängten? Die Rote und die Gehörnte Mauerbiene mögen zum Beispiel einfache Löcher in Holzscheiten, Pappröhrchen oder Schilfstängeln, wie wir herausfanden. Zwar waren Mauerbienen auf unserem Land nicht gerade selten, doch das war einfach umzusetzen und sorgte immerhin dafür, dass auf jeden Fall schon einmal reichlich Wildbienen da waren. Weil wir uns mit Bienen noch nicht auskannten, kauften wir die ersten Hotels günstig auf *Amazon* und bauten anhand dieser Vorlage eigene nach. Die meisten Wildbienen-Hotels bestanden aus Holz, in das viele Löcher mit einem Durchmesser zwischen zwei und acht Millimetern gebohrt wurden. Einige enthielten auch Schilfröhrchen mit Löchern in diesem Durchmesser. Bambusröhrchen funktionierten, wie wir später feststellten, ebenfalls. Dort legen die Wildbienen, die übrigens sogenannte Solitärbienen sind und nicht in Schwärmen, sondern alleine leben, ihre Eier ab und versorgen ihre Jungen mit Nahrung. Wir suchten möglichst sonnige, geschützte Standorte aus. Ein Hotel für Mauerbienen hängten wir direkt an die Rückwand unseres Hauses. Drei weitere Wildbienen-Hotels kamen in den Gemüsegarten: zwischen den Mais und unter die rankenden Bohnen sowie etwas außerhalb an den Zaun zwischen die Himbeeren. Bald war unser Land voll mit Wohnstätten für alle möglichen Wildtiere, die die Ansiedelung von noch mehr Wildtieren fördern sollten.

Wir hatten seit etwa vierzehn Tagen unser Wildtierschutzgebiet, und ich hatte die Jäger fast schon vergessen, als Mado eines Morgens aufgeregt vor unserer Haustür erschien. Schon während sie uns auf französische Art links und rechts küsste, wedelte sie aufgeregt mit einem Zettel herum.

«Ihr seid in der Zeitung», rief sie schwer atmend. «Ah, ich hab's schon Agnès erzählt. So was, hier, hier!»

Sie hatte den Artikel ausgeschnitten. Über dem Text sah man ein Bild von etwa zehn korpulenten alten Männern, die um einen Tisch saßen. Ich konnte mir nicht vorstellen, was das mit uns zu tun haben sollte.

«Worum geht es da?», fragte ich. Ein Absatz war mit krakeligen Kugelschreiberlinien unterstrichen.

«Das Jahrestreffen des Jagdverbands», meinte sie. «Lies!»

Ich hatte mich in den letzten Monaten darauf konzentriert, möglichst viel Französisch verstehen und sprechen zu lernen. Französisch lesen war nicht wirklich meine Prio Nummer 1 gewesen. Briefe übersetzte ich noch Wort für Wort mit *Pons* oder *Google Translate*. Während ich mich langsam durch die Zeilen arbeitete, verstand ich, dass der Jagdverband darüber informierte, dass in Kerjégu ein Wildtierschutzgebiet eingerichtet worden war und die Jäger dieses Gebiet nun nicht mehr betreten durften. Danach ging es um die Anzahl unterschiedlicher Tierarten, die in der kommenden Jagdsaison geschossen werden durfte.

«Die kommen jetzt auch nicht mehr zu mir», sagte Mado und strahlte. «Weiß doch keiner genau, wo die Grenzen liegen.»

Sie schenkte uns den Artikel zum Aufbewahren. Wir waren verwundert, dass es unsere kleine Aktion tatsächlich in die Zeitung geschafft hatte. Für den Bruchteil einer Sekunde dachte ich auch an das Gespräch mit meiner Mutter und hoffte, dass nichts passieren würde.

Einige Tage später bellten die Hunde wie verrückt. Zwei Männer standen in unserer Einfahrt. Sie kamen auf uns zu und stellten sich als Mitglieder des Jagdverbands vor. Mein Herz begann sofort wild zu pochen.

«Jetzt geht der Ärger los», dachte ich. Anton stand neben mir. Wir schüttelten den Jägern freundlich die Hand.

«Können wir uns das Land anschauen?», fragte einer der Männer höflich. «Dann können wir den anderen Jägern sagen, wo genau die Grenzen liegen.»

Er wirkte vernünftig und klang nett. Überhaupt passte der Mann nicht zu meinen Vorurteilen von jemandem, der in seiner Freizeit Tiere tötete. Ich muss gestehen, dass ich einen dicken alten Kerl mit groben Gesichtszügen, fettigen Haaren und Metzgerblick erwartet hätte. Dieser Mann hingegen war vielleicht Mitte fünfzig, gepflegt und wirkte aufgeweckt.

«Natürlich», sagte Anton. Unsere Hunde umringten die Jäger, und wir machten uns auf den Weg zu einer gemeinsamen Begehung. Wir zeigten den Männern, wo wir unsere Schilder aufgestellt hatten.

«Was macht ihr, wenn unsere Hunde über die Grenze kommen?», fragte der Jäger.

«Eigentlich ist das nicht erlaubt. Die Hunde jagen das Wild ja aus dem Wald heraus», antwortete Anton. «Und dann ergibt das Schutzgebiet ja keinen Sinn.»

«Wenn wir die Hunde einmal loslassen, können wir nicht kontrollieren, ob sie zu euch kommen. Hunde können ja keine Schilder lesen», erwiderte der zweite Jäger, der wohl einen Scherz machen wollte, was ihm aber nicht so ganz gelang.

«Von Hundeerziehung hat er wohl noch nichts gehört», dachte ich bei mir. Wenn unsere Hunde unkontrollierbar auf ein fremdes Grundstück rennen und dort die Tiere terrorisieren würden, wäre es mir furchtbar peinlich gewesen. Ich hätte mich entschuldigt und dafür gesorgt, dass das nicht mehr vorkommt.

Der feinsinnigere Kollege bemerkte wohl meinen kritischen Blick und wechselte schnell das Thema.

«Hattet ihr in der Vergangenheit Probleme mit den Jägern?», fragte er.

«Nein», gestand ich. «Wir haben das Jagdverbot nicht gegen die Jäger durchgesetzt, sondern für die Wildtiere.» Ich weiß nicht, ob ich das auf Französisch richtig formuliert hatte.

«Wir essen keine Tiere und mögen die Natur», versuchte es Anton.

«Ach so», meinte der ungeschicktere Mann und warf seinem Kollegen einen vielsagenden Blick zu. Ich konnte mir denken, was ihm wohl gerade durch den Kopf ging: «Ach, das sind solche Ökofreaks aus dem Ausland» – aber mir war das egal. Hauptsache, sie respektierten unsere Schutzzone.

Nachdem wir unsere Runde gelaufen waren, machten die Jäger uns noch Komplimente zu unserem Haus, und wir bedankten uns höflich. Einen Moment lang standen wir noch etwas unschlüssig herum, und ich ertappte mich dabei, dass ich ihnen fast ein Bier angeboten hätte. Da verabschiedeten sie sich aber auch schon wieder freundlich mit einem Handschlag. Einer streichelte Argon noch über den Kopf, und schon waren sie wieder die Einfahrt hoch verschwunden. Anton und ich blickten uns erleichtert an. Eines war jetzt klar: Mütter wissen auch nicht alles!

Eine reiche Frau für Obelix

*Wie wir zu unserem ersten echten französischen
Kaffeeklatsch eingeladen wurden*

Es war Freitagnachmittag, als die Pariser Nachbarn wieder für
ihren Wochenendbesuch in Kerjégu ankamen. Wir waren gerade
auf dem Rückweg von einem schönen Spaziergang, auf dem wir
einen ganzen Sprung Rehe gesehen hatten. Ihr Auto fuhr an uns
vorbei ins Dorf. Wir winkten, und sie hielten an und kurbelten die
Scheibe herunter.

«Bonjour, Régine, Anton, ça va?»

«Uns geht's gut. Und euch?»

«Alles gut. Wir machen morgen einen Kaffeeklatsch bei uns zu
Hause. Wollt ihr auch kommen?»

Ich war ein bisschen aufgeregt: Das war unsere erste richtige
französische Einladung! Bisher hatten wir uns nur mit den anderen Auswanderern getroffen und ab zu mit Mado und Agnès ge-
plauscht.

«Klar, gern!»

«Um 16 Uhr dann! À demain!»

Kurz nach vier gingen wir zu dem historischen Langhaus. Wir kamen am alten Nebengebäude vorbei. Es war 1678 gebaut worden,
wie man auf den großen Granitsteinen über einem der Fenster lesen konnte. Früher hatte hier ein Graf gewohnt. Das Land und
auch die Bewohner von Kerjégu waren sein Eigentum gewesen.
Die Bauern hatten hart arbeiten müssen, waren aber dennoch arm

gewesen, denn die Früchte ihrer Arbeit hatte der Graf eingesteckt. Das hatte Agnès uns erzählt. Ich glaube, dass diese Vergangenheit bis heute noch das Bild prägt, das viele Menschen vom Landleben haben: ein Dasein in Armut, geprägt von harter Arbeit und Entbehrungen. Dabei ist das – zumindest in unseren Breiten – längst nicht mehr die Regel! Wir haben den Komfort des modernen Lebens: Waschmaschine, Kettensäge, oftmals sogar schnelles Internet – Informationen und Errungenschaften, die die Arbeit nur noch so weit physisch sein lassen, wie es uns guttut. Was wir anbauen, gehört uns. In unserem Fall müssen wir an Nahrung auch keinen Überschuss produzieren, was natürlich weniger Arbeit ist. Wir können uns gesünder ernähren als in der Stadt. Und wir haben die gute Luft, viel Platz und Möglichkeiten, die Natur zu entdecken, uns darin zu finden und zu verwirklichen.

Dies alles ging mir durch den Kopf, als wir das Nebengebäude, heute eine romantisch überwucherte Ruine, passierten. Es war jetzt etwa sechs Monate her, dass wir hier angekommen waren, und das Dorf war mir schon längst nicht mehr fremd. Im Gegenteil: Die hübschen alten Steinhäuser wirkten vertraut und fühlten sich nach Zuhause an. Die Pariser, Giselle und Julien, wohnten im Langhaus neben der Ruine und nutzten diese gelegentlich als Terrasse. Denn sie hatte kein Dach mehr, und die alten Steinwände spendeten im Sommer wunderbar Schatten. Als sie die Tür öffneten, kam uns ein Schwall französischer Herzlichkeit entgegen. Wir wurden sofort laut begrüßt, mehreren Leuten aus Pluméliau und Umgebung vorgestellt und bekamen von allen Küsschen links und rechts. Die Vorstellungsrunde war einseitig. Denn wie so oft wusste jeder, wer wir waren, während uns die meisten Leute fremd waren. Dann sahen wir zwei bekannte Gesichter: Mado und Agnès waren auch da. Ich setzte mich neben Agnès auf das Sofa im Wohnzimmer. Sie sprach besonders langsam und deutlich mit uns, was sehr hilfreich war – denn viele andere Franzosen wurden nur lauter, aber nicht langsamer, wenn sie merkten, dass wir sie nicht so gut verstanden.

Bretonisch sprach übrigens in unserer Gegend niemand. Selbst Agnès und ihre Schwester Mado, die in der Mühle von Kerjégu aufgewachsen waren, hatten es nicht mehr gelernt. Als die Franzosen Ende des 19. Jahrhunderts die Schulpflicht einführten, verboten sie alle Minderheitensprachen, um «die Einheit im Volk zu stärken». Rutschte einem Schüler dennoch ein Wort auf Bretonisch heraus, musste er angeblich so lange ein Hufeisen um den Hals tragen, bis er einen anderen Schüler verriet, der ebenfalls etwas auf Bretonisch gesagt hatte. Von solchen historischen Ereignissen her rührt es auch, dass einige Bretonen bis heute nicht allzu gut auf die Franzosen zu sprechen sind. So hörten wir bisweilen Kommentare wie: «Frankreich? Du meinst das unbedeutende Land zwischen der Bretagne und Deutschland?»

Im Großen und Ganzen sind solche Aussagen aber als Spaß zu verstehen, und die meisten Bretonen haben die alte Abneigung überwunden. Viele sind in anderem Zusammenhang, zum Beispiel in Sachen Fußball, auch stolz darauf, zu Frankreich zu gehören. In den letzten Jahren gab es außerdem Versuche, Bretonisch wieder verstärkt in Schulen zu unterrichten. Bei uns in der Südbretagne hört man es dennoch nicht im Alltag.

Ich sprach mit Agnès über die Wildschweine, die sie vor einigen Tagen im Garten hatte, und über den Gemüseanbau, den sie seit sechzig Jahren auf derselben Fläche in der Mühle betrieb. Giselle stellte eine Tasse Tee vor mich auf den Tisch. Dort standen außerdem selbstgemachte Kuchen, die extrem lecker aussahen.

Gerade hatte sich die Aufregung über unsere Ankunft ein wenig gelegt, da schlug jemand an die Tür. Es gab eine Klingel, aber dieser Gast schien eine Menge Energie zu haben. Die Tür krachte, und Julien sprang auf, um sie schnell zu öffnen, bevor sie aus den Angeln fiel. Überraschenderweise kannte ich den Mann, der eintrat. Es war Obelix aus den «Asterix und Obelix»-Comics. Die Ähnlichkeit war unverkennbar, auch wenn er keine gestreiften Hosen trug. Tatsächlich war es ja hier in der Bretagne gewesen, wo die Gallier den römischen Eindringlingen Widerstand geleistet hatten. Julius Cäsar hatte sie schließlich dennoch besiegt und zwischen all den kleinen gallischen Dörfern die römischen Städte Rennes, Nantes und Vannes errichtet. Obelix mussten die Römer wohl übersehen haben, auch wenn das angesichts seiner Größe und seines Auftretens kaum vorstellbar schien. Er rief etwas in die Runde, schüttelte nur Anton und mir die Hand, vermutlich um sich vorzustellen, und fiel auf einen der Sessel. Ich versuchte in der Zwischenzeit, unter dem Tisch wieder Gefühl in meine zerquetschten Finger zu bekommen. Giselle stellte ihm ohne ein Wort eine Flasche Whiskey auf den Tisch.

«So», wandte sich Obelix an Anton, «kennst du eine reiche niederländische Frau für mich?»

Sofort kam Bewegung in die Runde. Agnès und Mado war dieser direkte Einstieg eindeutig peinlich. Auch Giselle und Julien sahen sich unangenehm berührt an. Ich hatte zunehmend den Eindruck, dass Obelix nicht eingeladen gewesen war. Dann redeten alle durcheinander, um ihn zu übertönen und seine Aussagen zu relativieren.

«Es geht doch nicht ums Geld», sagte Mado, «die Liebe zählt.»

«Ach», meinte Obelix, «die kommt dann danach. Was ist jetzt, kennst du eine?», wandte er sich wieder Anton zu.

Er nahm einen Schluck Whiskey und grinste. Er schien die Situation jetzt richtig zu genießen.

«Ich kann mich ja mal umhören», sagte Anton diplomatisch.

«Ah», meinte Obelix knapp und wandte sich dann mit einem

süffisanten Grinsen an mich. «Und ihr seid also die, die keine Jäger mögen ...»

Der Mann schien ein Faible für Provokationen zu haben. Agnès rutschte nervös neben mir auf dem Sofa hin und her.

«Sie haben doch recht», sprang Mado uns bei. «Die schönen Rehe! Ich will das Geballer bei mir auch nicht mehr haben! Kannst du dir gleich mal merken!»

«Wir haben einen Hund, der wie ein Fuchs aussieht», erklärte ich, weil ich fürchtete, die wahren Gründe würden noch weitere Diskussionen auslösen. «Wir haben Angst, dass er versehentlich erschossen wird.»

«Hm, einen Hund also. Ich hab zwei bretonische Arbeitspferde. Die brauch ich aber nicht mehr. Wollt ihr sie haben?»

Obelix sprang von einem Thema zum nächsten wie ein junges Reh über unser Land. Dabei war sein Französisch schwer zu verstehen. Agnès musste helfen, indem sie seine Sätze langsam wiederholte. Julien war der Einzige in der Runde, der ein wenig Englisch sprach, aber er hielt sich bei diesem Gespräch auffallend zurück, indem er eingehend seine Hände betrachtete.

«Bretonische Arbeitspferde? Sind das etwa echte Bretonen?»

Ich hatte von dieser Pferderasse gelesen. Es ist die älteste der Welt. Keltische Krieger hatten die Vorfahren der Tiere in die Bretagne mitgebracht: schwere Streitrosse, die ihre Reiter in Kriege begleitet hatten. Später waren die Nachfahren während der Kreuzzüge mit orientalischen Rassen gekreuzt worden. Über die Jahrhunderte waren so aus den ehemaligen Kriegspferden schwere, stämmige Arbeitspferde geworden. Entgegen ihres äußeren Erscheinungsbilds standen sie aber in dem Ruf, extrem gutmütig und liebenswert zu sein.

Obelix lachte. «Trait Breton», sagte er stolz. Das Trait Breton ist der größte und stämmigste der drei Typen der bretonischen Pferderasse. Die muskulösen Kolosse haben Hufe wie Essteller und wiegen jeweils etwa 1000 Kilogramm.

«Alle Achtung», sagte ich. «Danke für das Angebot, aber da müssen wir erstmal drüber nachdenken.» Damit war Obelix zum Glück zufrieden. Er wandte sich nun Mado zu, um ihr Komplimente für ihre Schuhe zu machen, und das Gespräch plätscherte ohne weitere «Zwischenfälle» angenehm vor sich hin. Anton und ich unterhielten uns noch ein wenig und brachen dann bald auf. Ein gelungener Einstieg, fanden wir! Und ein bisschen stolz waren wir auch, dass wir uns so wacker bei unserem ersten ausschließlich französischen Kaffeekränzchen geschlagen hatten.

Über die Naturgewalt Obelix mussten wir im Nachhinein noch ein wenig schmunzeln. Wir sollten ihm von da an regelmäßig begegnen und auch seinen echten Namen erfahren. Doch für uns blieb er Obelix. Er war ein lebendiges Beispiel dafür, wie skurril einige Menschen hier auf dem Land waren. Doch trotz seiner Schroffheit war er mir nicht unsympathisch. Er war eben einfach ein Teil der Gemeinschaft hier und gehörte dazu. Wahrscheinlich hatte ihn auch das Land mit seiner Natur und seinen Aufgaben zu dem gemacht, der er heute war. Und in dieses Land hatte ich mich längst verliebt!

Das ist also unser neues Zuhause!

DER TRAUM WIRD WAHR

Schau dich um!

Wir konnten es anfangs
kaum glauben ...

SO VIEL NATUR

Und so viel Platz.

Im Wald entstand unser
Wildtierschutzgebiet.

REHE, FÜCHSE, DACHSE …

♥-lich willkommen

Auf dem Hof begann unser
neuer Alltag.

ENDLICH LANDLEBEN

Es geht los!

Wir konnten in der Erde wühlen,
säen & pflanzen.

ÜBERALL GRÜNT ES

OMG, es wächst!

Schon mal so eine schöne
Ernte gesehen?

ACHTUNG: SELBSTVERSORGT!

Und vor allem richtig lecker!

Die geretteten Hühner haben
sich schnell erholt.

JEDES HUHN IST ANDERS

Hühner sind toll!

Wir ♥ Tiere!

FAMILIE ...

... über Speziesgrenzen.

Auch die wilden unter ihnen,

EULEN, REHE, SPERBER ...

... leben gleich um die Ecke.

Julia bei
ihren Tieren

Kelly mit selbst-
gebautem Boot

Endlich haben wir Zeit für
unsere Freunde.

GROSSER VORTEIL:

Wir machen viel gemeinsam.

Abendessen mit Freunden

Anton nach dem Mountainbiken mit Tom, Adrian und Olli

Mit Freunden im Sommer auf der Insel

Julia und Becky bei Julia im Garten

Wir erleben zum ersten Mal
wirklich die Jahreszeiten.

EIN EWIGER KREISLAUF

*Frühling, Sommer,
Herbst, Winter.*

Das ist unser kleines Dorf Kerjégu.

EIN ORT MIT 5 HÄUSERN

und wunderbaren Nachbarn.

Mados See und Haus

*Weg am See entlang
zu Agnès' Mühle*

Die Bretagne ist einfach so
wunderschön magisch.

WILLKOMMEN IM AUENLAND

Land, Meer & urige Dörfer.

Wir wollen hier jedenfalls
nicht mehr weg!

ZU HAUSE

Einmal Bretagne, immer Bretagne!

Wie möchtest du leben?

ES IST DEIN LEBEN

Wage es!

Mäuse mit Glatze?

Wie man ein Reetdach deckt

Der Jäger hatte recht: Tiere können keine Schilder lesen. Trotzdem sahen wir, seit unser Land als Wildtierschutzgebiet ausgewiesen war, mehr Wildtiere als je zuvor. Fast täglich grasten Rehe auf der Wiese hinter dem Haus, manchmal war auch ein Rehbock mit Geweih darunter. Eine Weile wohnten zwei Fasane bei uns im Garten, ein Männchen und ein Weibchen. Anton beobachtete eines Tages vom Klofenster aus, wie ein Fuchs einen Hasen jagte. Und einmal erschien direkt am Dorfeingang ein kleiner Fuchs. Er saß einfach am Straßenrand. Nachdem wir uns von unserer Verwunderung erholt hatten, machte ich mit dem Handy noch schnell ein Foto. Er wirkte nicht besonders scheu, betrachtete uns neugierig und verließ die Szene erst nach einer Weile gemächlich, indem er in unseren Wald trottete.

Auch eine Rotte Wildschweine mit Frischlingen lief uns eines Tages über den Weg. Ein andermal im Jahr, nachdem wir nachts noch mit Stef und Michael vor ihrem Wohnwagen an der Feuertonne selbstgemachten Glühwein getrunken hatten, begegneten wir auf dem Rückweg einem Dachs. Ich hatte noch nie zuvor einen Dachs in freier Wildbahn gesehen!

Doch das eindrücklichste Schauspiel boten uns andere Mitbewohner. Um es zu sehen, setzten wir uns abends oft vor unser Haus und warteten. Lange passierte nichts, und wir unterhielten uns in die anbrechende Dunkelheit hinein. Dann ging es plötzlich ganz schnell. Aus den Mauern unseres alten Hauses flogen wie auf ein unsichtbares Signal hin fast gleichzeitig Scharen von Fledermäusen. Sie kamen aus Löchern zwischen den Steinen, die kaum höher waren als ein Zehn-Cent-Stück – unser Haus war voller Fledermäuse!

Die Franzosen nennen die Tiere *chauve-souris*, übersetzt «glatzköpfige Maus». Das ist typisch für die französische Sprache: Da gibt es ein Tier mit riesigen Flügeln, das kopfüber schläft und sich per Echoortung orientiert, aber die Franzosen benennen es danach, dass es keine Haare auf dem Kopf hat – was übrigens nicht einmal stimmt.

Tagsüber bekam man von den Glatzenmäusen nichts mit, und ich habe im Haus bis heute noch nie eine gesehen. Es musste allerdings versteckte Hohlräume zwischen der etwa einen Meter dicken Innen- und Außenmauer geben, in denen es vor Fledermäusen nur so wimmelte. Die alten Steine um unser Schlafzimmer herum schienen sie besonders zu lieben, wie wir abends feststellen konnten, wenn sie losflogen. Wir bildeten uns ein, dass es immer dasselbe Tier war, das zuerst ausflog, und nannten es Pawel. Pawel hatte die präziseste Anflugtechnik, die man sich vorstellen konnte: Zwischen seinen Flugrunden näherte er sich im Sturzflug gefährlich schnell seinem Loch unter dem Fensterrahmen. Dann, kurz bevor er gegen den Stein schlug, machte er sich ganz lang und dünn, traf auf und kroch – plötzlich winzig klein – in das Mauerwerk.

Weniger elegant war die Feldmaus, die eines Abends aus dem Kamin fiel, und plötzlich etwas verdattert, so schien es uns jedenfalls, mitten im Wohnzimmer saß. Bevor wir reagieren konnten, rannte die Maus panisch in alle Richtungen, bis sie irgendwohin verschwand, ohne dass wir ihr Versteck je fanden.

So waren es die Tiere, die uns an die diversen Winkel und Schlupflöcher in unserem Haus erinnerten – und damit leider auch an die Löcher im Dach. Zwar waren sie nicht so gravierend, dass es ins Haus hätte regnen können. Dennoch war das Reet an einigen Stellen etwa zwanzig Zentimeter tief abgetragen, und wir mussten auf jeden Fall etwas unternehmen, um zu verhindern, dass es irgendwann doch reinregnete. Der Chaumier, so heißt auf Französisch ein Handwerker, der Reetdächer deckt, hatte zugesagt, noch im Sommer vorbeizukommen. So stand er eines Tages mit seinem Helfer vor der Tür. Der Chaumier war etwa Mitte dreißig und machte einen sympathischen Eindruck. Sein Helfer trug eine Harry-Potter-Brille, war sehr wortkarg und etwa drei Jahre alt.

«Halt mal», sagte der Chaumier zu ihm und gab ihm ein Maßband. Der kleine Junge hielt es fest, ohne hinzusehen. So maßen sie unser Dach aus, und der Handwerker versprach, in Kürze mit dem Material zu kommen.

Ein paar Tage später wurden wir davon wach, dass ein Traktor drei rund 1,5 Meter hohe Ballen Reet vor unserer Haustür ablud. Wir konnten das Haus jetzt kaum mehr verlassen.

«Bis nächste Woche fünf Uhr früh», sagte der Chaumier.

Wir hatten von Stef erfahren, dass hier alles lockerer gehandhabt wurde. Zwar waren die Handwerker pünktlich, aber sie erledigten die Arbeit gern auf ihre Weise und waren ihren Freiraum gewöhnt. Stef empfahl uns, in Sachen Handwerker am besten erstmal mit allem einverstanden zu sein, was sie vorschlugen.

«Okay, bis dann», schien mir deshalb die passende Antwort zu sein.

Beim abgeladenen Reet handelte es sich um lange Halme, die zu vielen kleinen Bündeln gebunden waren. Wir waren sehr gespannt, wie daraus ein Dach entstehen sollte, das gegen Regen, Schnee und Hagel schützen konnte.

«Außerdem sind Reetdächer die beste Isolierung, die man haben kann», sagte der Chaumier am nächsten Montag früh pünktlich um fünf Uhr. Wir waren aufgestanden, um Kaffee zu kochen. «Man sieht das, wenn es hier mal schneit. Nur auf den Reetdächern bleibt der Schnee liegen. Die anderen Häuser heizen zum Dach raus, und der Schnee schmilzt. Schlechte Isolierung! Reetdächer sorgen zudem für ein ideales Klima im Haus. Im Winter halten sie warm, im Sommer angenehm kühl. Gut gedeckt werden sie mindestens dreißig Jahre alt – und danach bleibt kein Gramm Müll zurück. Man kann sie kompostieren und im Garten verwenden. Alles Natur!» Er nahm einen Schluck Kaffee.

«Übrigens sogar *im* Reetdach. Denn ein Reetdach lebt. Jeder einzelne Halm ist innen hohl. Insekten klettern rein und – voilà: Ihr habt hier eine Million Insektenhäuser auf eurem Dach. Ein Reetdach ist im Grunde ein gigantisches Insektenhotel.»

Wenn man es so betrachtete, hatten wir sicher noch viel mehr tierische Mitbewohner, als wir angenommen hatten. Am Gesicht des Helfers konnte ich sehen, dass er diesen Vortrag nicht zum ersten Mal hörte. Der Helfer war diesmal erwachsen, was mich sehr freute – für den Chaumier und unser Dach.

Gegen sechs Uhr hatten die Chaumiere jeder eine kleine Holzleiter mit Spießen in unser Dach gerammt, standen darauf und klopften das Reet büschelweise in die darunterliegenden Reetschichten. Denn nur die oberste Schicht von etwa dreißig Zentimetern wurde erneuert. Die unteren Schichten blieben bestehen.

«Und das hält?»

«Und wie!», rief er.

«Wir arbeiten uns von unten nach oben. Bündel für Bündel klopfen wir in die darunterliegenden Schichten, sodass diese vor Witterung geschützt sind. Zuletzt kommen wir ganz oben am First an.»

Anton brachte Croissants, und die Chaumiere plauderten bereits gut gelaunt, wie sehr es ihnen hier gefiel.

«So viel Natur», meinte der Kollege, während er den Blick über den Garten schweifen ließ. Ich war beruhigt, dass alles gut zu klappen schien, und ging ins Haus, um ein paar Stunden zu schreiben. Dabei hörte ich das rhythmische Klopfen der Büschel, die auf den darunterliegenden Schichten ergänzt wurden. Das Dach wurde schön dick. Fast einen halben Meter schauten die Enden der Reethalme über den Fenstern hervor.

Am frühen Nachmittag kam der Chaumier ins Haus.

«Wir haben ein Hornissennest im Dach gefunden.»

Er imitierte ein herumsurrendes Insekt, um sicherzustellen, dass wir ihn verstanden hatten. Es sah ziemlich lustig aus, doch mir war nicht zum Lachen zumute. Meine Gedanken begannen sofort zu rennen. Sie würden mit dem Arbeiten aufhören. Wir würden irgendeinen Zuständigen finden müssen, der kommen und die Hornissen umsiedeln müsste, damit sie den Handwerkern nicht gefährlich werden konnten. Ich sah endlose Bürokratie und etliche Telefonate vor uns liegen – und ein Reetdach, das im Winter immer noch nicht gedeckt sein würde. Noch während mein Gedankenkarussell des Horrors lief, sah ich den Chaumier-Kollegen einen Besen vom Transporter holen.

«Das solltet ihr euch angucken», meinte er. Also gingen wir mit. Bevor wir uns versahen, nahm er den Besenstiel und stach ihn kurzerhand beherzt mitten in das Nest. Ich schrie entsetzt auf. Anton und ich sprangen zurück. Die Hornissen flogen heraus. Die Männer lachten. Der Chaumier-Helfer wedelte ein wenig mit dem Besen, und die Hornissen surrten in den Wald davon. Das Thema war erledigt. Der Pragmatismus der Bretonen hat manchmal durchaus etwas für sich!

Der Chaumier und sein Helfer brauchten etwa vierzehn Tage, um die oberste Dachschicht neu zu decken. In ihrem eigenen Interesse erledigen die Unternehmen die Arbeit so, dass sie nicht fünf Jahre später zurückkommen müssen, denn in Frankreich gibt es auf alle Handwerkerleistungen zehn Jahre Garantie.

Und was das Dach anging: Das war auf jeden Fall wieder hyggelig perfekt – garantiert bereit für stürmische Herbst- und Wintertage.

Die Kräuterhexen-Versuche

Wie wir lernten, immer mehr Dinge
umzunutzen und selbst zu machen

«Wandern oder mountainbiken?», fragte die ehrenamtliche Helferin.

«Wandern», sagte ich.

«Acht, zehn oder fünfzehn Kilometer?»

Ich schaute fragend Otto, Beckys neunjährigen Sohn an.

«Zehn Kilometer», antwortete Otto.

«Pro Person drei Euro», sagte die Dame. «Hier bekommt ihr drei Tickets. Verliert sie nicht, da stehen Nummern drauf, mit denen ihr anschließend automatisch hier in der Halle an der Lotterie teilnehmt. Nach fünf Kilometer Laufen seht ihr einen Stand. Da gibt's gratis Erfrischungen und Snacks. Am Ende bei der Lotterie noch mal. Danke, dass ihr dabei seid – und viel Spaß!»

Was klingt wie der Start zu einem Sportevent, hat einen praktischen Hintergrund: Da unsere Region nur so dünn besiedelt ist, besteht ständig die Gefahr, dass die öffentlichen Wander- und Mountainbikewege zuwachsen. Einmal wöchentlich am Sonntag veranstalten Pluméliau und die umliegenden Dörfer deshalb ein Event, bei dem jedes Dorf einmal im Jahr drankommt: Jeder, der will, kann sich frühmorgens im *Salle de polyvalente* des jeweiligen Ortes einschreiben – jedes noch so kleine Dorf hat hier eine solche Halle für gemeinsame Veranstaltungen – und daran teilnehmen. Das Ziel: die Wege frei zu laufen oder mit dem Mountainbike frei zu fahren. Wir waren sofort dabei!

Mit einer Gruppe von mehreren hundert Franzosen liefen wir eine zehn Kilometer lange Strecke ab, die mit blauen Fähnchen markiert war. Sie führte durch eine wunderschön wilde Naturlandschaft: dichte Eichenwälder mit sprudelnden Bächen, hohe Maisfelder, zwischen denen wir ab und zu einen Hasen sahen, dann wieder Anhöhen mit großen Steinfelsen, auf denen Ginster und Fingerhut wuchsen.

Becky und ich waren nur Ottos zweite Wahl. Eigentlich wollte er mit Anton und Tom bei der Mountainbike-Tour mitmachen, doch dafür musste er erstmal trainieren – unser Wanderausflug war also sein Training. Trotzdem hatte er Spaß daran. Meist ging er mit Argon voraus. Becky und ich folgten. Twix hatte ich zu Hause gelassen, weil die Strecke mittlerweile zu weit für ihn war.

Kurz vor dem Stand bei der Hälfte der Strecke drehte sich Otto zu uns um. In der Hand hielt er einen riesigen Pilz.

«Ein Steinpilz», sagte er.

Ich war beeindruckt.

«Woher weißt du das?», fragte ich.

«Wenn du einen Pilz findest, kannst du ihn hier einfach zur Apotheke bringen. Die sagen dir, wie er heißt und ob er essbar ist. Wir haben das oft gemacht. Jetzt weiß ich, wie die aussehen.»

«Und da vertraut ihr hundertprozentig drauf?», fragte ich.

«Klar», sagte Becky. «Wenn man genug Erfahrung hat, ist das kein Problem.»

«Das ist ja genial», sagte ich begeistert. Otto fand es ziemlich lustig, wie wenig Ahnung ich hatte.

«Und das ist Tellerkraut», genoss er seinen Wissensvorsprung. «Das kannst du auch essen.»

Er deutete auf ein dickblättriges rundes Gewächs am Weg.

«Echt jetzt?», fragte ich ungläubig.

«Iss», sagte er.

«Wie? So roh?», versuchte ich Zeit zu gewinnen.

«Ja!» Schon hatte er sich ein Blatt in den Mund geschoben.

Jetzt konnte ich wohl nicht mehr zurück, also biss ich beherzt ein Stück Blatt ab. Es schmeckte erfrischend und anders als alles, was ich bisher gegessen hatte.

«Die Blätter enthalten Eisen, Kalzium und Magnesium», meinte Becky.

Ich staunte. Warum gab es dieses Kraut nicht auch im Supermarkt?

Dann erinnerte ich mich an etwas. Als wir an einem Waldrand entlanggingen, an den eine Wiese grenzte, fand ich ihn: Sauerampfer. Mein Opa hatte ihn mir bei uns zu Hause oft gezeigt. Es gab ihn sogar in der Stadt. Er machte seinem Namen geschmacklich alle Ehre. Doch er enthielt haufenweise Vitamin C.

«Das kann man echt essen?», fragte Otto, während ich mir ein Stück in den Mund schob.

«Hm, geht sogar», gab er kauend zu, als er es mir nachmachte, und verzog das Gesicht.

Schon pflückte Becky ein paar Blätter Löwenzahn.

«Wie Rucola», sagte sie. «Das ist so ähnlich, dass es sich kaum lohnt, Rucola anzubauen. Und auch die gelben Blüten kannst du essen. Sie schmecken süßlich. Sie sehen auch im Salat hübsch aus!»

So kam es, dass sich mir bei dieser Wanderung eine komplett neue Welt auftat. Man konnte sein Essen nicht nur im Supermarkt kaufen oder selbst anbauen – es wuchs auch überall um uns herum, und das im Überfluss und ganz von allein! Als wir am Stand in der Mitte ankamen, hatte ich längst Feuer gefangen.

«Welche anderen Blüten und Blätter kann man essen?»

Wir tranken jeder ein Wasser und aßen Orangenschnitze, die die freiwilligen Helfer geschnitten hatten.

«Vergiss-mein-nicht-Blüten zum Beispiel. Und die jungen

137

Blätter von Haselnusssträuchern kannst du im Frühjahr wie Spinat zubereiten. Einfach kurz blanchieren», zählte Becky auf.

Ich nahm mir vor, mich weiter mit dem Thema zu beschäftigen, und plauderte noch etwas mit Becky, als wir schon wieder am *Salle de polyvalente* ankamen. Wie sich zeigte, waren wir langsamer gewesen als die Mountainbiker, obwohl diese eine längere Strecke gewählt hatten. So standen Anton und Tom schon in der Halle, jeder mit einem Gratis-Bier in der Hand, und bogen sich gerade vor Lachen.

Vor ihnen nahm ein Mountainbiker, etwa Mitte zwanzig, durchtrainiert und cool gekleidet, gerade seinen Lotterie-Preis entgegen. Er hob ihn vor der johlenden Menge empor; wirklich glücklich wirkte er dabei aber nicht. Kein Wunder: Es war ein knallpinkes Plastikeinhorn.

«So was habe ich mir schon immer gewünscht», sagte er mit Augenzwinkern in die Runde.

Als Nächstes war ein kleiner Junge an der Reihe: Er gewann einen Aschenbecher.

«Warum hat die Schale seitlich so komische Lücken?», fragte er seinen Vater.

«Das ist eine ganz besondere Vase. Die Einkerbungen sind dazu da, dass du einzelne Blüten besser ablegen kannst», versuchte sein Vater ihm den Preis auf charmante Weise schmackhaft zu machen. Eine Frau gewann eine Tüte mit Paprika und teilte der versammelten Mannschaft ausführlich mit, wie sie sie zubereiten würde. Sie freute sich so direkt und ehrlich über ihren Preis, dass es richtig Spaß machte zuzusehen. Es war die lustigste Lotterie, die ich je erlebt hatte – obwohl von uns keiner etwas gewann.

Von da an trafen wir uns fast jeden Sonntag mit Becky, Tom und Otto, um an den Wanderungen oder dem Mountainbiken teilzunehmen. Bald kannten wir auch einige Franzosen, die regelmäßig dabei waren. Unser Französisch wurde langsam besser. Und wenn einem von uns ein Wort fehlte, konnte oft der andere aushelfen. Im Notfall umschrieben wir, was wir meinten – oder übersetzten es schnell mit dem Handy.

Etwa zwei Wochen später machte ich mich mit einer Schüssel auf meine erste Wildkräutertour. Ich war nach unserer ersten Wanderung so auf das Thema angesprungen, dass ich mir noch am selben Abend ein Buch im Internet dazu bestellt hatte. Inzwischen hatte ich es so oft durchgeblättert, dass ich mir viele der Pflanzen eingeprägt hatte. Dennoch verglich ich jede Pflanze, die ich in Betracht zog, erst einmal ausgiebig mit den Bildern und Beschreibungen im Buch. Nur wenn ich mir zu hundert Prozent sicher war, pflückte ich die Pflanze vorsichtig. Ich nahm nie ganze Bestände, sondern immer nur ein paar Blätter oder Blüten. Wahrscheinlich war diese Vorsicht unnötig, weil es die Pflanzen sowieso in Hülle und Fülle gab, aber ich wollte auf keinen Fall etwas zerstören. Nach etwa einer Stunde war meine Schale fast voll. Mit Essig, Öl und ein bisschen Senf bereitete ich einen Salat zu, wie Anton und ich ihn noch nie zuvor gegessen hatten. Er schmeckte so ungewöhnlich wie aufregend – und war noch dazu frisch und gesund.

Noch immer finde ich es merkwürdig, dass wir in den Supermärkten nur so wenige unterschiedliche Lebensmittel einkaufen können – verglichen mit dem, was man tatsächlich essen kann. Aber wer würde schon Tellerkraut, Sauerampfer oder Löwenzahnblätter im Supermarkt einkaufen, wenn sie doch an jeder Ecke wild wachsen? Und das sowohl auf dem Land als auch in vielen Städten! Wobei wohl gerade das es aus Sicht des Supermarkts wenig sinnvoll machte, sie zum Verkauf anzubieten. Nur merkwürdig, dass die meisten – ich eingeschlossen – so wenig darüber wissen, wie viel Nahrung einfach frei verfügbar um uns herum wächst. Die Menschen, die vor zweihundert Jahren in unserem Haus in der Bretagne gewohnt haben, wussten wahrscheinlich noch viel mehr darüber.

«Kommst du morgen um 14 Uhr mit zum Töpfern?», schrieb mir Stef auf *WhatsApp*. «Wird dir gefallen!!!»

Ich schickte ihr schnell einen Daumen hoch. Auf Töpfern wäre ich selbst jetzt nicht unbedingt gekommen. Ich hatte noch nie ein handwerkliches Hobby. In Berlin hatte ich sowieso keine Zeit für Hobbys gehabt. Aber jetzt? Warum eigentlich nicht?

Am nächsten Tag stand ich pünktlich vor Stefs Haus. Das *Chambres d'hôtes* «Dans la Valée» nahm langsam Form an. Die Fassade war teilweise schon verputzt. An manchen Stellen ließen Stef und Michael einfach die schönen alten Steine offen. Ich ging um das Haus herum, am Gemüsegarten vorbei auf den Wohnwagen zu. Dahinter begrüßten mich die Hühner. Da kam Stef auch schon in den Garten.

«Super, dann können wir los. Ist gleich hier um die Ecke», sagte sie.

Wir stiegen ins Auto und fuhren über einen Feldweg, der links und rechts von einer riesigen Blumenwiese eingefasst war, bogen einmal rechts ab, und schon sahen wir auf der linken Seite einen kleinen Hof aus mehreren Gebäuden. Die alten Steinhäuser standen alle auf einem perfekt gemähten Rasen. Sie boten einen tollen Blick über die Felder. Ich parkte einfach auf der Wiese vor dem Haus, und sofort sprangen zwei Hunde auf uns zu.

«Das sind Arthur und Betty», meinte Stef. Sie begrüßte den schwarzen Labrador und die englische Bulldogge und ging zu einem kleinen Häuschen, das etwas abseits lag. Ich folgte ihr.

«Da hinten ist *The Wonky Pot*, Nikis Töpferschule.» Sie deutete auf das kleinste Steinhäuschen. Es war ein Hexenhäuschen aus Granit. Schon von weitem hörte ich das laute Lachen mehrerer Frauen. Um das Häuschen herum lagen Schalen, Vasen und kleine Skulpturen im Gras.

Und da stand Niki. Niki war klein, blond mit blauen Augen, und alles an ihr strahlte. Es war sofort klar, welche Superkraft *sie* besaß: Herzlichkeit. Sie umarmte und küsste Stef und mich und hieß mich willkommen. Sie sprühte geradezu vor Energie. Niki stellte mir die anderen Kursteilnehmerinnen vor, die beiden Engländerinnen Kim und Wendy. Kim wohnte mit ihrem Mann Stuart schon seit vielen Jahren in Frankreich. Sie gaben ehrenamtlich Englischunterricht an einer Grundschule und kannten dadurch alle Kinder der Umgebung. Außerdem half Stuart bei der Freiwilligen Feuerwehr, und Kim baute und bastelte ständig irgendetwas für irgendwen. Gemeinsam bestellten sie einen Gemüsegarten, hielten Hühner und hatten zwei Hunde.

Wendy war eine eindrückliche Erscheinung. Sie hätte genauso gut Künstlerin während der Jugendstil-Epoche sein können: Sie war verspielt gekleidet, ihre roten Haare trug sie mit einem bunten Schal auf dem Kopf zusammengebunden. Ihre blauen Augen waren extravagant geschminkt. Sie lachte viel, laut und ansteckend. Dabei riss sie ihre Augen so auf, dass man sich förmlich in ihre Geschichten hineingezogen fühlte. Sie töpferte kreative Skulpturen, konnte außerdem zeichnen und hatte ungewöhnliche Ideen. Sie lebte mit ihrem Mann Archie, ihren zwei Hunden, zwei Schweinen und einer Menge Hühnern und Katzen auf einem Hof in der Nähe. Die Schweine hatte sie als Ferkel bei einem Züchter gekauft, der behauptet hatte, dass es sich um Minischweine handeln würde. Nun, er hatte nicht ganz die Wahrheit gesagt, wie Archie und Wendy bald feststellen mussten. Es dauerte nicht lang, dann hatten die angeblichen Minischweine eine Schulterhöhe von siebzig Zentimetern erreicht. Ihre Größe gepaart mit ihren langen Eckzähnen flößten einem durchaus Respekt ein. Sie waren allerdings freundlich, hörten aufs Wort und kannten wie Hunde das Kommando «Sitz». Tagsüber gingen die Schweinegiganten alleine in der Gegend spazieren, abends schliefen sie in einem Stall hinter der Küche im Stroh. Sie würden ihr ganzes Leben bei Wendy und Archie bleiben: Beide waren Vegetarier.

Wir kamen sofort ins Gespräch und redeten über alles Mögliche, während Niki zwischen uns hin und her lief, uns verschiedene Töpferideen vorschlug und Tonklumpen verteilte. Das Töpferhaus war auch von innen einladend. Bis unters Dach stand es voll mit Keramik. So konnte man sich inspirieren lassen und stieß immer wieder auch auf kleine Schätze. An einer Wand befand sich ein Kamin, mit dem Niki im Winter heizte. An der gegenüberliegenden Seite standen verschiedene Brennöfen, Töpferscheiben und andere Instrumente. Ich fühlte mich in der netten Gruppe sofort wohl – und hatte das Gefühl, hier genau reinzupassen. Während im Radio Oldies liefen und immer wieder eine der Frauen mitsang oder sogar ein paar Schritte tanzte, drückte ich meine Daumen in einen Tonklumpen und formte meine erste Schale.

«Nächste Woche ist Lisa hier, eine befreundete Künstlerin. Wir wollten aus Brombeerranken Körbe und Deko flechten», meinte Niki, während sie Wendy dabei half, ein Gerät zu bedienen, das Tonklumpen in lange dünne Spaghettischnüre verwandelte.

«Aus Brombeerranken?», fragte ich.

«Ja, die kannst du einfach abschneiden und trocknen. Dann entfernst du die Dornen und hast das beste Ausgangsmaterial zum Körbeflechten.»

Das war mir neu, wobei ich zugegebenermaßen wahrscheinlich zum ersten Mal in meinem Leben übers Flechten nachdachte. Aber so war es ja mit vielen Dingen hier seit unserer Ankunft: In

Berlin hatte ich keinen Gedanken daran verschwendet, wie Wege eigentlich begehbar blieben. Ich hatte nie über den Verzehr von Wildpflanzen aus der Natur nachgedacht – oder darüber, was man alles so töpfern und flechten kann!

«Kommst du auch?», fragte Stef.

«Klar, gern», sagte ich.

Stef ging an die Töpferscheibe und drehte ein paar schicke Tassen. Sie formte kleine gedrehte Henkelchen dafür. Wendy arbeitete an einer Skulptur; gerade formte sie einen großen Männerkopf. Und Kim drückte riesige Rhabarberblätter in den Ton und schnitt ihn darum herum aus. So entstanden große Blätter aus Ton, die sie wie Schalen formte und später als Wasserspiel in den Garten stellen wollte.

Niki packte mit an und gab Tipps. Dann verschwand sie und kam kurz darauf mit starkem Kaffee und veganem Kuchen zurück. Ich war total angetan und erfuhr auf meine Begeisterungsbekundungen hin, dass das ein Ritual war, das sich jeden Donnerstag wiederholte.

«Und, Niki, was töpfern die Männer gerade?», fragte Wendy und schob sich ein Stück Schokokuchen in den Mund. Meine Hände waren tonverschmiert. Ich schaute mich kurz um. Jede hatte Ton an den Händen. Keine schien es zu stören. Alle waren entspannt und unkompliziert. Also nahm ich mir auch ein Stück mit meinen verschmierten Tonfingern und trank einen Schluck Kaffee.

«Ich habe jetzt immer dienstags eine Männergruppe», erklärte mir Niki auf meinen fragenden Blick hin. Und zu Wendy gewandt lachte sie: «Einer hat mich gefragt, ob er eine Toilette töpfern könne.»

«Ich hab gesagt: ‹Klar, wenn die in meinen Brennofen passt.›»

Ich mochte, wie Niki über die Projekte ihrer Schüler sprach.

In ihrer Stimme schwang immer Respekt und Unterstützung mit, selbst bei, nun ja, etwas außergewöhnlichen Projektideen, wie die Toilette es war. Sie versuchte alle Ideen zu fördern oder zumindest in Bahnen zu lenken, die es möglich machten, sie umzusetzen. Dabei redete sie niemandem rein, sondern ließ jeden seine Ziele verfolgen. Sie war eindeutig eine verdammt gute Lehrerin! Auf der Heimfahrt fiel mir auf, wie gut gelaunt und beschwingt ich war. Beim Töpfern hatte ich alles außerhalb des kreativen Häuschens vergessen. Aus meinem alten Leben kannte ich solche Flow-Zustände nur vom Arbeiten. Vor Deadlines hatte ich mich manchmal total ins Schreiben versenkt und währenddessen sogar zu essen und zu schlafen vergessen. Danach hatte ich mich allerdings nie frisch und erholt gefühlt wie nach dem Töpfern, sondern ausgelaugt, hungrig und müde. Ich war zwar auch ganz in meiner Tätigkeit aufgegangen, aber sie hatte mir nicht gutgetan, weil ich mir keine Pausen gegönnt hatte. Und weil ich dabei zwar ganz im «Jetzt» versunken war, aber nicht im «Hier»: In den Flow-Zuständen beim Schreiben war ich ja auf Themen fokussiert, die von meinem eigenen Leben entfernt waren und sich nur in meinem Kopf abspielten. Beim Töpfern hatte ich mich dagegen ganz auf den Ton direkt vor mir, meine Hände und die Gespräche der fröhlichen und inspirierenden Frauen um mich herum konzentriert und zwischendurch guten Kaffee getrunken. Das war also dieses «Hier und Jetzt»! Während ein Flow-Zustand – zumindest aus meiner Erfahrung bei meiner früheren Arbeit – auch eine Sucht bis hin zum Ignorieren der Grundbedürfnisse wie Nahrung, Schlaf oder Bewegung sein konnte, hatte er hier mehr mit Achtsamkeit zu tun. Ich war nicht versunken, sondern völlig da und habe mich dabei vollständig entspannt. Niemals hätte ich vermutet, dass Töpfern eine solche Wirkung haben konnte! Für mich stand fest: Ich würde wiederkommen.

So stapelten sich schnell auch bei uns im Hobbithaus die Schüsseln, Schalen, Tassen und Teller. Und unser Garten füllte sich mit Skulpturen. Mein Lieblingsstück aber hatte ich gar nicht selbst gemacht, sondern Stef: eine Tasse, die sie mir geschenkt hat. Daraus trinke ich seitdem jeden Morgen meinen Kaffee.

Anton beobachtete meine neu entfachte Töpferleidenschaft amüsiert. Wenn wir die fertigen Gegenstände brannten, veranstalteten Niki und ihr Mann Lloyd regelmäßig Partys für alle Töpfernden. Anton ging gern mit und genoss die Abende, auch wenn er selbst in Sachen Ton nicht Feuer fing. Stattdessen wurde er Teil einer anderen Gruppe: In Vannes trafen sich regelmäßig ein paar Software-Entwickler, um in ihrer Freizeit gemeinsam an Spaßprojekten zu programmieren. So entwickelten sie zum Beispiel die Simulation eines Mars-Rovers. Es machte Anton nicht nur Spaß, auf diese Weise die spielerische Seite seines Jobs wiederzuentdecken, sondern es tat auch seinen Französischkenntnissen gut.

Zum Korbflechten bin ich übrigens nur ein Mal gegangen: Die Ranken ließen sich mit den Fingern nur schwer weich arbeiten und hinterließen dabei scheußliche Blasen. Hinterher fühlte ich mich wie eine alte Landfrau – nein, das war definitiv nichts für mich.

Selbermachen ist dennoch auf jeden Fall ansteckend. Wobei Anton schon vor mir «befallen» war: Bereits kurz nach unserem Einzug baute er ein Tomatenhaus und plante das Gewächshaus. Später renovierte er – völlig ohne Vorkenntnisse – gemeinsam mit Kellies Mann Dave unser Bad (samt Fliesenlegen) und riss anschließend im Gästezimmer den Boden raus. Hier sollte alles neu gemacht werden!

Fängt man einmal an, fragt man sich plötzlich bei allem, was man kaufen will, ob man es nicht auch selbst herstellen könnte. So breitet es sich aus, bis man in allen Lebensbereichen im Do-ityourself-Fieber ist. Dafür braucht man nicht einmal ausgeprägtes handwerkliches Geschick. Vieles bringt man sich mit der Zeit selbst bei – *learning by doing*. Bei Gegenständen, die man findet, überlegt man sofort: Was könnte ich daraus machen? Wofür könnten wir sie gebrauchen? Das macht den Alltag viel spannender.

So entdeckten Anton und ich zum Beispiel eines Tages bei einem Spaziergang mit den Hunden am Meer eine angespülte Euro-Palette. Das Holz war schon ganz ausgewaschen, sah aber gerade deshalb super aus.

«Lass uns die mitnehmen», meinte Anton sofort.

«Was sollen wir damit machen?», fragte ich.

«Ach, daraus kann man tausend Sachen machen», antwortete er. «Wie wäre es mit einem Kräuterbeet?»

«Super Idee! Wir könnten sie direkt vor den Eingang stellen, dann hat man die Kräuter immer parat, und muss von der Küche nicht bis zum großen Kräuterbeet laufen.»

So luden wir die Palette ins Auto. Zu Hause habe ich tatsächlich ein Kräuterbeet daraus gebaut. Dazu stellte ich sie waagerecht auf, tackerte Mülltüten in den Holz-Zwischenräumen fest, füllte sie dann mit Anzuchterde und säte aus. Kurz darauf sprießten die Kräuter aus der Palette.

Als meine Hautcreme leer war, probierte ich aus, ob man auch diese selbst machen konnte. Man konnte nicht nur – sie war noch dazu ohne Konservierungsstoffe, und ich hatte das Gefühl, dass meine Haut richtig auflebte. Das Rezept fand ich in einem Buch über Naturheilmittel. Man braucht dafür eine Hand voll Spitzwegerich, den ich auf der Wiese hinter dem Haus sammelte. Die grünen Blätter enthalten besonders viele Gerbstoffe und wirken antibakteriell. Mit Mandelöl wurde daraus ein Ölmazerat hergestellt und später unter anderem natürliches Vitamin E und pflanzliches Glycerin zugefügt. Einziger Nachteil: Weil keine Konservierungs-

stoffe enthalten sind, muss man die Creme im Kühlschrank aufbewahren.

Sachen umzufunktionieren oder selbst zu bauen, wurde zu
einer Art Hobby von Anton und mir – und es vermied noch dazu
oft Müll. Was für ein Unterschied zu unseren Berliner Zeiten, in
denen wir ständig irgendetwas online bestellt hatten! Im Nachhinein betrachtet haben diese gekauften Dinge – zumindest bei
mir – schnell ihren Reiz verloren, und ich hatte mich eigentlich
nur darüber gefreut, solange sie neu waren. Mit den selbst her-
gestellten Sachen war das anders, selbst wenn sie weniger perfekt
waren: Immer wenn wir sie benutzten oder an ihnen vorbeigin-
gen, machten sie uns stolz. Als Einzelstücke hatten sie noch dazu
mehr Charakter. Jedes Mal lernten wir etwas dazu, und schon bald
spiegelten die Gegenstände, die uns umgaben, unsere Entwicklung
wider: Während das Eulenhaus noch zum Großteil aus einer um-
funktionierten *Ikea*-Schublade bestanden hatte, was man ihm bis
zum Schluss ansah, entstand unser nächstes Vogelhaus aus einem
Holzbrett – und war bis auf den Korken als Schornstein komplett
selbstgemacht. Wobei ich allen, die sich jetzt vorstellen, dass wir
hier ausschließlich zwischen selbstgemachten, krummen Dingen
wohnen, Entwarnung geben kann: Eine selbstgetöpferte Toilette
haben wir immer noch nicht zu Hause.

Vom Rudel zum Hof

Wie die Hühner bei uns einzogen

«Das Huhn ist das einzige Haustier, das uns Frühstück kackt», meinte der Tierrechtler gedankenverloren, während er sich über unser Hühnerhaus beugte. Er war der erste seiner Art, den wir in der Bretagne kennenlernten. Ich hatte seine Webseite entdeckt und ihn daraufhin angeschrieben. Thomas war um die dreißig und leitete die selbstgegründete Organisation *Poule Pour Tous*, auf Deutsch «Huhn für alle». Was ihm keine Ruhe gelassen hatte: Im Alter von nur achtzehn Monaten landen die Hühner der Legebetriebe auf dem Schlachthof. Dabei können industrielle Legehennen bei guter Haltung zehn Jahre alt werden und gut acht Jahre lang Eier legen. Die großen Supermärkte nehmen aber nur Eier von Hühnern mit einem Alter von bis zu achtzehn Monaten ab. Danach wird das Eiweiß im Ei manchmal etwas dünnflüssiger, und darüber beschweren sich angeblich die Kunden. Also werden die Tiere schon mit eineinhalb Jahren getötet. Mit seinem kleinen weißen Transporter fuhr Thomas deshalb die Industriebetriebe der Umgebung ab und rettete so viele junge Legehennen wie möglich vor dem Schlachthof. Da sie nur zum Eierlegen gezüchtet worden waren, war ihr Fleisch sowieso so gut wie wertlos; die Bauern gaben ihm die Hühner daher meist gern. So kam es, dass Thomas manchmal bis zu zweitausend Hühner bei sich zu Hause hatte. Natürlich nicht auf Dauer! Über seine Webseite suchte er zusammen mit Helfern Menschen, die den geretteten Hühnern ein Zuhause schenken würden.

Ich fand die Aktion klasse. Außerdem gehörte es ja zu unserem Plan, Tieren auf unserem Hof ein gutes Zuhause zu geben. So hatte ich Thomas geschrieben, dass wir gern vier bis sechs Hühner nehmen würden. Stef hatte angeboten, zwei weitere zu den vier Hennen, die sie schon hatte, dazuzunehmen. *Poule Pour Tous* hatte seinen Sitz in Nantes. Es dauerte ein paar Wochen, bis wir den Transport organisiert hatten. Obwohl ich angeboten hatte, die Hühner abzuholen, hatte Thomas die zwei Stunden Fahrt auf sich genommen, um uns die Tiere persönlich zu bringen. Aufgeregt hatten wir mit Stef und Michael in unserer Einfahrt gestanden, als der weiße Transporter um die Ecke bog. Es war schon fast dunkel, und Thomas und sein Kollege begannen sofort mit dem Ausladen der Hühner. Es ging wahnsinnig schnell. Sie griffen mit jeder Hand mehrere laut gackernde rote Federtiere und trugen sie in Richtung Hühnerhaus.

Wir hatten das neue Zuhause der Hühner erst vor einer Woche fertig zusammengebaut. Es war ein hübsches kleines Holzhäuschen. Wir hatten es weiß gestrichen, mit einem schwedenroten Dach und roten Fensterrahmen. Laut Hersteller war es für acht bis zehn Hühner geeignet. Sie schliefen auf vier Stangen über dem Eingangsbereich. An den Seiten befanden sich je zwei Nestboxen, in die sich die Hühner zurückziehen konnten, um ihre Eier zu legen. Wir hatten sie dick mit Stroh ausgepolstert. An der Vorderseite hatten wir das Häuschen mit einem automatischen Portier aufgerüstet. Zu einer vorher angegebenen Zeit öffnete er den Hühnern morgens die Tür, damit sie nach draußen konnten. Abends schloss er die Tür wieder, damit die Hühner für die Nacht im Haus sicher waren. Über ein kleines Display konnte man die Zeiten steuern. Der Plan: Wir konnten ausschlafen, und die Hühner mussten nicht auf ihre Morgenrunde verzichten. Die Herausforderung: Die Hühner mussten sich daran gewöhnen und durften nicht zu spät nach Hause kommen, um nicht vor verschlossener Tür zu stehen. Denn sonst wären sie leichte Beute für den Fuchs. Um das Hühnerhaus hatten wir deshalb sicherheitshalber einen hundert Meter langen Elektrozaun gespannt. Wenn wir nicht da waren, sollten sich die Hühner nur in diesem Bereich aufhalten, wo sie vor dem Fuchs sicher waren.

Damit ihnen in ihrem Auslauf nicht langweilig wurde, hatte ich ihnen außerdem Spielzeug gebastelt. Hühnerspielzeug ist noch eine komplette Marktlücke. Für Hunde und Katzen gibt es alles Mögliche, für Hühner so gut wie nichts. Ich stellte mir vor, dass sie doch bestimmt auch ein bisschen Abwechslung mochten. Ich grub schließlich eine alte Tapezierleiter, die ich in Berlin auf dem Flohmarkt erstanden hatte, etwa dreißig Zentimeter tief auf beiden Seiten in die Erde. Fertig war das Klettergerüst! An einer Schnur befestigte ich einen Salat, der sich in der Mitte der Leiter im Wind bewegte: Wenn die Hühner danach pickten, würde er hin und her pendeln.

Außerdem gab es im Auslauf sieben Haselnusssträucher, einen Kirschbaum und eine kleine Tanne. Sie würden den Hühnern weitere gute Versteckmöglichkeiten bieten. Wir hatten zudem in einem großen Eimer ein Sandbad, das wir mit Holzasche mischten. Darin könnten sich die Hühner säubern, die Holzasche würde ggf. kleine Wunden desinfizieren. Ich hatte das zumindest so in einem Buch über Hühnerhaltung gelesen.

An einen Strauch baute ich eine selbstgemachte Leiter aus Ästen, über die man in den Strauch hineinklettern konnte. An zwei Äste knotete ich Seile, deren Enden ich um ein Brett schlang. Die Hühner könnten das Brett vielleicht als Schaukel verwenden.

Während ich gerade noch an der Schaukel bastelte, kam Anton und setzte einen etwa fünfzig Zentimeter hohen Baumstumpf im Auslauf ab.

«Was ist das denn für ein langweiliges Spielzeug?», fragte ich ihn.

«Ist es gar nicht», verteidigte er sich. «Das ist super vielfältig: Man kann draufspringen und wieder herunterspringen. Das ist pädagogisch wertvoll.»

Ich gebe es nur ungern zu: Aber die Hühner liebten es. Dabei hatte ich mir mit meinen Spielzeugen so viel Mühe gegeben! Doch ihr Liebling war der Baumstumpf, und später saßen oft ein oder zwei Hühner darauf, um nach uns Ausschau zu halten. Wenn wir uns dem Auslauf dann näherten, gackerten sie aufgeregt und hüpften herunter.

Das alles war nun aber erst einmal Nebensache. Wir hatten die Hühner kaum gesehen, als Thomas und sein Kollege sie schon ins Hühnerhaus verfrachtet hatten.

«Wir sollten noch jemandem in der Gegend Hühner bringen», sagte er, während er am Zaun lehnte – der Strom war natürlich abgeschaltet. «Aber er war nicht da. Ziemlich ärgerlich bei der langen Fahrt. Ich will die Hühner nicht wieder mitnehmen. Ist es okay, wenn ich zwei mehr bei euch lasse?»

Ich hatte ihn auf Französisch nicht gut verstanden und sagte, um das zu verschleiern, in einer blöden Angewohnheit automatisch: «Bien sûr», «Natürlich». Der Kollege kam noch einmal mit vier Hühnern. Ich hatte den Überblick verloren. Das kleine Hühnerhaus musste total voll sein. Ich brachte eine Schale mit Körnern und schaute kurz hinein. Überall sah ich Federn, dann stürzten sich die Hühner wie ausgehungert auf das Futter. Keine Chance, sie jetzt zu zählen, zumal es mittlerweile richtig dunkel war. Einen kurzen Moment standen wir alle noch bei Taschenlampenlicht am Zaun, dann verabschiedeten sich die Männer: Wegen der langen Rückfahrt wollten sie jetzt zügig aufbrechen. Wir vier blieben reichlich perplex im Dunkeln zurück, schauten auf das Hühnerhaus und versuchten zu rekonstruieren, wie viele neue Mitbewohner denn wohl gerade bei uns eingezogen waren. «Wird schon passen», meinte Stef, «wir nehmen ja noch zwei raus.» Wir tranken noch einen Wein und bauten aus einem großen Karton, den wir beim Baumarkt kostenlos mitgenommen hatten, eine Transportbox. Dafür schnitten wir viele kleine Fenster in den Karton und polsterten ihn mit Stroh aus. Als wir wieder nach draußen kamen, war es stockdunkel. Im Hühnerhaus war es gespenstisch still. Stef griff in das Häuschen, um zwei Hühner herauszuholen. Ich sah zum ersten Mal in meinem Leben schlafende Hühner. Wenn es dunkel wird, fallen sie in eine Art Starre. Sie sind dann wie auf Standby. Sie schlafen extrem tief. Man kann sie einfach vorsichtig hochheben; die Hühner scheinen davon kaum etwas zu bemerken.

«Okay, das wäre geschafft», sagte Stef und trug den Karton zum Auto. Auch wir waren müde und gingen an diesem Abend früh schlafen.

Am nächsten Morgen rief Becky an.

«Wie sind die Hühner?», fragte sie.

«Ich weiß nicht mal, wie viele es sind», antwortete ich ehrlich.

Es muss reichlich überfordert geklungen haben. Nach dem Telefonat zog ich mich sofort an, und Anton und ich gingen zum Hühnerhaus. Das gesamte Schwedenhäuschen wackelte bereits. Die Hühner machten ordentlich Rabatz. Es war laut da drin. Am liebsten hätte ich die Tiere sofort rausgelassen. Neue Hühner müssen allerdings vierundzwanzig Stunden lang in ihrem Haus bleiben, um zu verstehen, dass das der Ort ist, an den sie abends zurückkehren sollen, wenn es dunkel wird. Das hatte uns Becky erzählt. So stellten wir nur neues Futter und Wasser in das Hühnergewusel und fütterten aus der Hand ein paar Mehlwürmer.

Am Abend standen wir gespannt um den automatischen Portier herum. Es waren noch etwa drei Stunden, bis es wieder dunkel würde. Keine vierundzwanzig Stunden insgesamt, doch die Hühner machten weiterhin Krach im Haus und mussten endlich raus. So könnten sie sich ein wenig umsehen und die Beine vertreten. Wir drückten auf den manuellen Türöffner. Mit einem Surren hob sich langsam die Tür. Dann passierte erst einmal – nichts. Es wurde still. Nach etwa vier Minuten streckte das erste Huhn den Kopf zur Tür heraus. Ich filmte mit der Handykamera, wie es vorsichtig herauskam und sich umsah.

Ein zweites Huhn folgte. Pickend und scharrend bewegten sie sich um ihr Haus herum. Das dritte und vierte Huhn stolzierten nach draußen. Unsere Hühner kamen aus einem großen industriellen Bio-Betrieb. Sie sahen weniger schlimm aus, als ich erwartet hatte. Sie hatten keine kahlen Stellen, und die Kämme waren zwar etwas rosa und hingen bei einigen – Zeichen dafür, dass sie nicht in Topform waren –, doch schon die Fahrt war für die Hühner wahrscheinlich recht stressig gewesen; jetzt würden sie sich erstmal erholen können. Zwar war ich keine Hühnerspezialistin, doch für mich sahen sie wie ganz normale Hühner aus, wirkten aktiv und munter. In diesem Moment kamen Huhn fünf und sechs zur Tür heraus. Ob das Haus jetzt leer war? Bevor ich nachschauen konnte, kam ein weiteres Huhn herausgerannt. Da nun schon so viele draußen waren, war Drinsein wohl nicht mehr angesagt. Ob es das jetzt war? Wir versuchten, in das Innere des Häuschens zu spähen. In dem Moment kam Nummer acht heraus. Das achte Huhn war das einzige, das wirklich geschwächt aussah. Anton nannte sie Tschacklin. Die anderen sieben bekamen die Namen Octavia, Frau Bentham, Lagertha, Alice, Scarlett, der Hutmacher und Petra Singer. Wir hatten also acht Hühner.

Die Hühner erholten sich schnell. Schon nach ein paar Tagen waren ihre Kämme nicht mehr rosa, sondern rot und standen zu Berge, als wären sie kleine Punks. Ich stellte mir manchmal vor, dass sie tatsächlich Linksradikale waren, die den sozialistischen Umbruch der Gesellschaft planten. Dem Geräuschpegel nach zu urteilen, diskutierten sie jedenfalls ziemlich oft und aufgeregt miteinander.

Anfangs hielten sie sich vor allem rund um das Hühnerhaus auf. Doch nach etwa einer Woche hatten sie ihren gesamten Auslauf erkundet. Abends waren sie auf Anhieb immer pünktlich zur Dämmerung in ihr Haus zurückgekehrt, wo sie der automatische Portier zuverlässig über Nacht einschloss. Zum Sonnenaufgang öffnete er die Tür, und wenn wir ausgeschlafen hatten und mit den Hunden zu unserem Morgenspaziergang aufbrechen wollten, erwarteten uns die Hühner schon. Dass sie uns entlang ihres Zauns bei der Morgenrunde mit den Hunden begleiteten, wurde unser gemeinsames Ritual. Im Anschluss schaute ich nach, ob sie noch Körner im Futterspender hatten und brachte ihnen das, was bei unserem letzten Abendessen übrig geblieben war. So bekamen sie jeden Tag immer auch Gemüse, Salat oder Obst. Besonders gern mochten sie Mais, Kürbis und gekochte Kartoffeln – das war praktisch, denn das konnten wir ihnen aus eigenem Anbau liefern.

Weil unsere geretteten Hühner für die industriellen Legebetriebe gezüchtet worden waren, brauchten sie für ihre vielen Eier besonders viel Kalzium. Wir gaben ihnen deshalb in großen Mengen Muschelkalk. Die Muscheln sammelten wir am Strand und wuschen sie mehrfach, um das Salz zu entfernen. Dann zerschlugen wir sie mit einem Hammer in kleine Stücke, die die Hühner fraßen. Manche Leute geben Hühnern stattdessen die kleingehackten Schalen ihrer eigenen Eier, die auch Kalzium enthalten. Das fand ich aber irgendwie schräg und konnte mir nicht vorstellen, dass es gut für die Hühner sein konnte, ihre eigenen Ausscheidungen aufzuessen.

Sie brauchten außerdem täglich Körnerfutter, frisches Wasser und jeden zweiten Tag neues Stroh im Hühnerhaus. Das alles kostete hier auf dem Land beinahe nichts. So fielen die laufenden Kosten für die Hühnerhaltung wohl geringer aus, als wenn wir Eier gekauft hätten.

Teuer waren allerdings die Anfangskosten: Die Hühner selbst hatten zwar nur fünf Euro pro Henne gekostet. Ein Betrag, der noch dazu der Organisation *Poule Pour Tous* zugutekam. Hühnerhaus, Farbe (das Haus musste außen mit schadstoffarmer Farbe, innen mit Kalkfarbe gegen Schädlinge gestrichen werden), der automatische Hühnerportier, die Batterie für den Elektrozaun (den Zaun selbst hatten wir geschenkt bekommen) – das alles hatte uns hingegen um die 450 Euro gekostet. Zugegeben, von dem Geld hätten wir sehr lange Eier kaufen können. Aber uns ging es ja vor allem darum, den Tieren zu helfen. Achtzehn Monate sind kein Alter, in dem ein Huhn sterben sollte! Wurde es unglücklicherweise als kleiner Hahn geboren, wurde es sofort durch Gas oder Schreddern getötet. Hähne legen eben keine Eier und sind damit für die großen Betriebe wertlos. Das wollten wir nicht fördern, indem wir die Produkte noch kauften!

Durch unsere geretteten Hühner waren wir noch einen Schritt unabhängiger von der industriellen Tierhaltung und würden uns Mühe geben, dass unsere Hühner ein gutes Leben führen konnten, bis sie irgendwann ihren natürlichen Tod sterben würden.

Es dauerte nur ein paar Wochen, und die Hühner bedankten sich mit mehr Eiern, als wir für möglich gehalten hatten. Wir hatten nun jeden Tag zuverlässig acht Eier. Von Mado brauchten wir keine Eier mehr. Dafür luden wir sie ein, unsere Hühner kennenzulernen.

155

«Klar, die schaue ich mir an», sagte sie und kletterte auch schon über den kleinen Hügel, der unsere Grundstücke trennte. Die Franzosen nennen diese Grenzhügel «talus». Man sieht sie hier überall, denn sie sind typisch für die Bretagne. Oft wachsen Eichen oder andere Bäume und Sträucher darauf.

Wir gingen zusammen zum Hühnerauslauf. Die Hühner rannten schon von weitem auf uns zu. Mado lachte, denn rennende Hühner sehen immer lustig aus. Ihnen fehlen einfach die Arme, um richtig zu rennen. Dann betrachtete sie die Hühner einen Moment lang kritisch.

«Die sind gut», meinte sie dann trocken.

«Ja, wir mögen sie total gern», sagte ich.

«Für Eier. Zum Essen sind sie eher zu klein.»

«Mado!», rief ich. «Wir essen sie doch nicht! Wir wollen mit ihnen zusammenleben.»

Mado schaute mich an, als hätte ich einen Witz gemacht. Sie wusste, dass wir Vegetarier waren. Doch so ganz ernst nahm sie das, glaube ich, nicht. Dabei mochte sie selbst Tiere sehr gern. Doch trennte sie, wie viele Leute hier auf dem Land, zwischen Haus- und Nutztieren. Eine Unterscheidung, die ich bis heute nicht verstehe. In anderen Kulturkreisen gilt ja zum Beispiel auch der Hund als Nutztier, während hier jeder, der einmal einen Hund hatte, weiß, dass diese Tiere einen Charakter haben und ihre Familie lieben können. Einen Hund zu essen, würde uns deshalb nie in den Sinn kommen. Genauso haben aber auch Hühner ganz unterschiedliche Charaktere und Vorlieben. Nur weil man ihnen den Begriff «Nutztier» überstülpt, gibt uns das kein Recht, sie schlechter zu behandeln, auszunutzen oder sogar zu töten. Fest stand zumindest: Unsere Hühner sollten nicht für unser Essen sterben! Aber wir vertieften das Gespräch mit Mado nicht weiter in diese Richtung.

Sie gab uns noch ein paar Tipps für den Garten und kletterte dann über den Talus zurück auf ihre Wiese, um den Rasen zu mähen. Da wir versuchten, weitgehend auf Milchprodukte zu verzichten, wurden die Eier unsere Proteinquelle Nummer eins. Auch die Hunde bekamen regelmäßig Rührei. Trotzdem hatten wir einen riesigen Eierüberschuss. Wir brachten sie manchmal den Parisern und Engländern, die aber nur in den Ferien in Kerjégu waren. Außerdem bekamen die Postbotin und Kellie regelmäßig eine Lieferung. Mit Nick begannen wir einen Tausch: Wir brachten ihm Eier, er uns selbstgebackenen Kuchen. Ein ziemlich guter Handel für uns, denn: Seine Kuchen schmeckten phantastisch!

Nach ein paar Tagen gewöhnten wir die Hunde an die Hühner. Das klappte so: Ich saß mit Twix vor dem Auslauf der Hühner und las. Er lag neben mir an der lockeren Leine im Gras und betrachtete die Hühner, ohne dass ich ihm besondere Aufmerksamkeit schenkte. So saß ich mit ihm, bis ihm die Hühner nach etwa einer Stunde langweilig wurden. Dann wechselte ich und machte dasselbe mit Argon. Unser Plan: Wenn wir die Hühner aus ihrem Auslauf ins Freie lassen würden, sollten die Hunde sie vor dem Fuchs bewachen. So hätten die Hunde eine Aufgabe, und die Hühner wären sicher.

Ein paar Sessions mit den Hunden später entschieden wir, es jetzt einfach mal mit Twix zu wagen und den Elektrozaun zur Hühnerwiese aufzumachen. Die Hühner waren mittlerweile zutraulich und kamen sofort heraus. Argon hatten wir im Haus eingesperrt. Er war doch noch sehr jung und wild, und wir waren uns nicht sicher, wie er auf freilaufende Hühner reagieren würde. Twix trug eine Schleppleine, deren Ende wir aber nicht festhielten. Wir wollten ihm nicht das Gefühl geben, hier würde etwas Außergewöhnliches passieren und es bestünde die Möglichkeit, sich ein Huhn zu greifen. Es war vielleicht ein wenig riskant, aber wir hatten beide über die Jahre ein großes Vertrauen in Twix aufgebaut.

Während wir versuchten so zu tun, als gelte unser Interesse dem Gras auf der anderen Seite – wir wollten ja vermitteln, dass Hühner langweilig waren – schnupperte Twix an einem der Hühner. Das Huhn schüttelte sich daraufhin, und ein weiteres rannte auf Twix zu. Sie waren erstaunlich mutig! Twix machte überrascht ein paar Schritte rückwärts. Dann folgte er der kleinen Schar ein Stück. Nach einer Weile ließ er sich etwas abseits ins Gras fallen und beobachtete die neuen Familienmitglieder. Als es Abend wurde, gingen die Hühner freiwillig in ihren Auslauf und schließlich in ihr Haus zurück. Das hatte super geklappt!

Am nächsten Tag nahmen wir Argon dazu. Er sah aufgeregt zu Twix, als sich die Hühnertruppe aus ihrem Auslauf herausbewegte. Twix lag entspannt im Gras. So nahm es auch Argon relaxt.

Für uns war die frei herumlaufende Hühnerpatrouille auch deshalb sehr praktisch, weil Hühner gern Zecken fressen. Sie spüren sie im Gras auf und schlingen sie sofort herunter. Wir wohnten ja direkt am Wald und konnten dank der Hühner unsere Zeckenpopulation enorm zurückdrängen.

Im ersten Jahr hatten wir mit den Hühnern viel zu tun. Denn schon nach ein paar Wochen nahmen sie unseren Elektrozaun nicht mehr ernst. Es begann damit, dass sie ihre Hintern daran rieben, um sich zu massieren. Später schlüpften sie einfach durch die Maschen hindurch nach draußen. Der Strom schien sie nicht zu stören. Vielleicht ging er auch nicht durch die Federn. Jedenfalls hatte der Zaun um den Auslauf keinerlei Wirkung mehr.

So fuhren wir zum Baumarkt und kauften hundert Meter Maschendrahtzaun sowie Pfähle, an denen wir ihn befestigen konnten. Es war ziemlich teuer und viel Arbeit, den Zaun zu ersetzen. Anton rammte die Pfähle mit dem Vorschlaghammer in den Boden. Danach tackerten wir den Maschendrahtzaun fest. Am Boden ließen wir etwa zwanzig Zentimeter Maschendraht überlappen. Der Zaun führte so ein Stück über den Boden und wir bedeckten ihn mit einer Schicht Erde. Falls ein Fuchs auf die Idee kommen sollte, sich unter dem Zaun zu den Hühnern durchzugraben, würde er nur bis zum Maschendraht kommen. Als wir endlich fertig waren, waren wir beide verschwitzt und müde.

«Jetzt erstmal ein Bier», meinte Anton.

«Oh ja», sagte ich. Gerade wollten wir uns umdrehen, da passierte es. Der Hutmacher flog auf einen Pfahl und flatterte – schwups – auf die andere Seite des Zauns. Wir erstarrten.

«Sie können fliegen?», meinte Anton ungläubig. Auch die anderen Hühner schienen verwundert. Während der Hutmacher auf der anderen Seite ein bisschen im Gras pickte, wollten jetzt alle diese wundersame Bewegung ausprobieren. Ein wildes Geflatter begann. Die Hühner – und wir mit ihnen – fanden heraus, dass sie tatsächlich fliegen konnten. Und zwar alle. Unser ein Meter zwanzig hoher Zaun war also vollkommen nutzlos. Wie wir später von Becky erfuhren, hätte auch ein Fuchs problemlos darüberspringen können.

Frustriert ließen wir die Hühner ein paar Wochen lang einfach überall herumlaufen. Nachdem sie ein freilaufender Hund allerdings einmal mächtig gejagt hatte – sie hatten nur überlebt, weil sie fliegen konnten –, wurde uns klar, dass wir eine andere Lösung brauchten. Wir hatten außerdem das Gefühl, die Hühner nicht alleine lassen zu können. Wenn wir bei Freunden waren, machten wir uns deshalb oft Sorgen um sie.

So fuhren wir schließlich wieder zum Baumarkt. Wir kauften vierzig drei Meter lange Balken, vier große Eimer Farbe und eine Menge Bolzen, um die Balken zu verbinden. Anton konstruierte ein Design für einen überdachten siebzig Quadratmeter großen, zwei Meter hohen Hühnerauslauf. Darin war neben dem Hühnerhaus genug Platz für drei kleine Bäume, die angrenzenden Haselnusssträucher, ein paar Lavendel- und Rosenbüsche, zwei weitere Spielhäuschen, Antons Baumstamm, die Leitern, die Schaukel, Futter und Wasser. Außerdem befestigten wir einen Spiegel, weil wir herausgefunden hatten, dass es den Hühnern Spaß machte, sich darin zu betrachten. Die Hühner konnten nun nicht mehr ausbrechen. Wenn wir da waren, ließen wir sie trotzdem frei. Sie liefen auf unserer Wiese herum oder besuchten Mado und die Pariser Nachbarn Julien und Giselle.

Mit der Zeit wurde immer deutlicher, wie unterschiedlich die kleine Schar war. Am mutigsten war der Hutmacher. Sie ging immer voran und war anfangs die Einzige, die den Garten auf eigene Faust erkundete. Wenn Argon auf der Wiese lag und sie gerade Lust auf das Gras genau unter ihm bekam, gab sie ihm mit einem beherzten Schnabelhacken zu verstehen, dass er weichen musste. Argon stellte die Autorität des Hutmachers nie in Frage. Tschacklin und Scarlett waren hingegen zurückhaltender. Von ihnen hätte sich Argon sicher nicht verscheuchen lassen – sie würden es aber auch nie versuchen. Octavia entwickelte eine lustige Angewohnheit: Wenn Anton für Argon auf der Wiese hinterm Haus Stöckchen warf, rannte sie mit. Apportieren konnte sie es zwar nicht, doch es war immer sehr amüsant, Huhn und Hund gemeinsam dem Stöckchen hinterherjagen zu sehen.

Kurz darauf schenkte uns Julia einen Hahn, der die Hennen draußen zusammenhielt. Sie konnte ihn nicht behalten, weil er sich mit einem ihrer anderen Hähne nicht verstand. Die beiden hätten einander schwer verletzt, wenn sie sie gleichzeitig frei gelassen hätte.

«Wenn ich kein anderes Zuhause für ihn finde, esse ich ihn», erklärte sie mir. Ich wusste zwar, dass Julia ihre Tiere auch schlachtete und aß, aber ich konnte mir die hübsche Frau mit den schelmischen Gesichtszügen dabei absolut nicht vorstellen. Mein Gehirn blendete es daher im Umgang mit ihr meist einfach aus – wenn sie es erwähnte, beschäftigte es mich dann jedes Mal aufs Neue. Als ich sie jetzt von der Seite betrachtete, hätte ich schwören können, dass sie den Hahn nicht töten wollte.

«Er ist extrem hübsch», schob sie schnell nach, als sie meinen Blick sah. «Hast du die stolzen Schwanzfedern gesehen?»

Ich betrachtete den Hahn, der mich mit großen Augen anstarrte. «Du bist meine letzte Chance», meinte ich darin zu lesen. Also haben Anton und ich ihn schließlich mitgenommen.

Schon im Auto wurde klar, dass der Hahn ganz anders war als unsere Hennen. Er hatte schreckliche Angst. Ich konnte die Panik in seinen weit aufgerissenen Augen sehen.

«Keine Sorge», versuchte ich, ihn zu beruhigen. «Wir tun dir nichts!»

«Im Gegenteil», sagte Anton. «Zuhause warten acht Jungfrauen auf dich. Dann bekommst du erstmal was Leckeres zu essen, und schon sieht die Welt wieder anders aus.» Wir lachten.

Doch eigentlich hatte ich selbst auch ein wenig Angst. Ich hoffte, dass die Kurzschlussentscheidung mit dem Hahn kein Fehler gewesen war: Man hört ja oft, dass Hähne aggressiv sein können. Als ich unseren Hahn zum ersten Mal hochheben musste, hatte ich sogar Handschuhe angezogen, weil ich Angst hatte, er könnte mir die Hände blutig kratzen. Doch er hatte mich nur erstaunt angeschaut – bewegungslos.

«Ob er wohl morgens in aller Herrgottsfrühe die ganze Nachbarschaft zusammenkrähen würde?», fragte ich mich weiter. Doch auch diese Sorge sollte unbegründet sein: Der Hahn würde gegen

halb neun Uhr zum ersten Mal krähen; ein gemütliches Bauern-
hofgeräusch. Das wussten wir zu diesem Zeitpunkt allerdings
noch nicht, und so schüttelte es mich jetzt etwas bei der Vorstellung, um vier oder fünf Uhr morgens von lautem Krähen geweckt
zu werden.

Da unterbrach Anton meine Gedanken: «Meinst du, wir können die Hunde an ihn gewöhnen?»

«Keine Ahnung», antwortete ich. Darüber hatte ich noch gar
nicht nachgedacht. «Eigentlich wollten wir ja auch gar keinen
Hahn.»

Ehrlich gesagt hatten wir ihn nur genommen, weil wir uns
nicht an seinem Tod schuldig fühlen wollten.

Wir kamen zu Hause an und setzten den Hahn behutsam – und
ziemlich gespannt auf die Reaktion unserer acht Hühnerdamen –
in den Auslauf. Als der Hahn die Hennen zum ersten Mal sah,
führte er einen leidenschaftlichen Tanz für sie auf, bei dem er jeweils einen Flügel spreizte und darum herum im Kreis trippelte.
Wir mussten lachen. Und wussten nun, wie er heißen würde: Juan.
Unsere selbstbewussten Hennen beeindruckte der Tanz allerdings
überhaupt nicht. Und zwar nicht im Geringsten. Anfangs durfte
der schüchterne Kerl nicht einmal mit ihnen auf der Stange schlafen. Nachts musste er allein in einer Nestbox sitzen. Sie duldeten
ihn auch nicht neben sich im Sandbad. Er grub sein eigenes Sandbad daneben. Erst nachdem Juan ihnen wochenlang Futter gesucht und gegurrt hatte, um es ihnen anzubieten, akzeptierten sie
ihn schließlich und folgten ihm, wenn sie draußen frei herumliefen. Endlich durfte er auch auf der Stange schlafen und mit ihnen
im Sandbad baden.

Anfangs reagierte Juan panisch, wenn die Hennen ihre Mit-
tagsschläfchen draußen neben den Hunden hielten. Er ließ die

Hunde nicht aus den Augen und fokussierte sie mit so starrem Blick, als versuche er, sie auf diese Weise in Getreidekörner zu verwandeln. Ich dachte beim ersten Mal: «Wenn du einen der Hunde angreifst, lasse ich dich nie mehr aus dem Auslauf raus.» Er tat es nicht. Mit der Zeit akzeptierte er die Hunde. Und die Hunde behandelten ihn einfach wie ein weiteres Huhn. Es gab keine Streitsituationen. Juan schlichtete vielmehr den Streit, wenn zwei Hennen miteinander um einen Wurm kämpften. Laut gackernd ging er dann dazwischen und trennte die beiden. Alle unsere Ängste waren unbegründet gewesen. Ich mochte Juan schon nach kurzer Zeit. Unvorstellbar, dass jemand mit einem so liebenswürdigen Charakter in einer Suppe hätte enden sollen.

Wir wussten, dass man Hunde mit Belohnungen konditioniert. Gibt man ihnen bei einer gewünschten Handlung ein Leckerli, verstärkt man die Handlung damit. So sagt man beispielsweise «Komm» und hält dem Hund ein Leckerli hin. Weil er das Essen haben will, kommt der Hund. Man sagt erneut «Komm», damit er sich das Wort einprägt, und gibt ihm das Leckerli. Wiederholt man das oft genug, kann man das Leckerli weglassen, und der Hund kommt auch so, wenn er den Befehl hört. Es war dasselbe Prinzip, mit dem uns Mado anfangs mit Eiern auf ihr Trompeten konditioniert hatte.

Vielleicht würde diese Methode ja auch bei Hühnern funktionieren? Literatur zum Trainieren von Hühnern hatte ich nicht gefunden, aber wir probierten es einfach. Immer wenn wir etwas besonders Leckeres in den Auslauf warfen, läuteten wir dreimal die Glocke, die wir am Hühnerauslauf befestigt hatten. Das wiederholten wir etwa fünf Tage lang. So verknüpften die Hühner die Glocke mit einem besonders freudigen Ereignis, das sie auf keinen Fall verpassen sollten. Dann probierten wir es, während die Hühner Freilauf hatten – und tatsächlich: Sie beendeten ihren Spaziergang und rannten zurück in den Auslauf. Damit sich die Wirkung nicht abnutzte, brachte ich meist wirklich etwas Leckeres zum Essen mit, mit dem ich sie dann belohnte.

So hatten wir es doch noch geschafft, uns mit den Hühnern auf eine für alle gemütliche Lebensweise zu einigen, die jedem seinen Freiraum zugestand.

Besuch aus dem alten Leben

*Wie Freunde und Familie mit unserem
Neuanfang umgingen*

Das Telefon klingelte gerade zum vierten Mal.

«Wir finden es nicht», jammerte meine Mutter.

«Wo seid ihr denn?», fragte ich und stellte auf Lautsprecher, damit Anton mithören konnte. Es kam keine Antwort. Ich dachte schon, sie hätte aufgelegt.

«Hier läuft ein Mann mit zwei Schweinen herum», hörte ich sie dann, nach Orientierung suchend.

«Solange ihr noch Menschen seht, seid ihr noch nicht da», meinte Anton trocken und zwinkerte mir zu.

So oder so ähnlich begannen die meisten Besuche unserer Familie und Freunde. Zwar hatten wir allen gesagt, dass wir recht abgelegen wohnten, doch fast jeder, der zum ersten Mal kam, glaubte, sich verfahren zu haben:

«Da waren nur noch ein paar verlassene Häuser. Wir sind dann umgedreht und erstmal lange in die andere Richtung gefahren.»

Trotzdem haben uns gleich im ersten Jahr einige Besucher gefunden. Die ersten waren kurz hintereinander Antons Freund Huey und unsere Berliner Freunde und ehemaligen Nachbarn Isabelle und Johanna. Johanna ist die dreizehnjährige Tochter von Isabelle und Julien.

Wir waren am Ankunftstag ziemlich aufgeregt. Wir liebten es hier – aber wie würden die anderen reagieren? Auch hatten wir allen in den höchsten Tönen vorgeschwärmt. Was wäre, wenn sie es dann gar nicht schön fänden? Würden wir unsere Entscheidung verteidigen müssen?

Schließlich trafen unsere Besucher ein. Nach einer ausgiebigen Begrüßung gingen wir erst einmal mit einem Glas Rotwein beziehungsweise Orangina für Johanna über das Gelände und zeigten alles. Das wurde zum festen Gästeritual. Dabei haben witzigerweise bisher ausnahmslos alle Besucher dasselbe Verhalten gezeigt: Allen Gästen fallen sofort Dinge ein, die man noch im Haus, im Wald oder im Garten umsetzen könnte. Die Richtung der Ideen sagt oft viel über den Charakter der Leute aus.

«Ihr braucht mehr Platz im Wald, die Bäume stehen so eng. Ich würde den da fällen und den dadrüben», sagte Huey.

«Nur über meine Leiche», meinte ich, musste aber trotzdem lachen, dass sofort so ein Vorschlag kam. Ein typischer Männervorschlag, fand ich! Ob er besagte, dass Huey eher der aufgeräumte, minimalistische Typ ist oder der Outdoortyp, der Sehnsucht danach hatte, in der Natur anzupacken? So oder so – aus dieser Idee würde nichts werden! Ich hatte gerade «Der Wald. Eine Entdeckungsreise» von Peter Wohlleben gelesen und wusste seitdem unseren alten Eichen- und Buchenwald, bei dem die Bäume eng zusammenstanden, noch mal besonders zu schätzen. Laut Peter Wohlleben war das eine gesunde Ausgangssituation, denn der Schatten der Mutterbäume sorgte dafür, dass die Nachkommen langsamer wuchsen und dadurch stabiler wurden. Ein Sturm würde diesen Bäumen selten etwas anhaben können – während mit großem Abstand gepflanzte Bäume zwar schneller wuchsen, aber leichter umfielen. Je mehr Bäume aber jung sterben, desto mehr verarmt der Boden. Denn mit jedem abtransportierten Baum werden Nährstoffe, die der Baum in sich aufgenommen hat, dem Waldkreislauf entzogen.

Peter Wohlleben spricht sich für den Erhalt von Eichen und

Buchen aus, weil diese in unserer Region natürlich vorkommen und den Organismen im Boden guttun. Künstlich angepflanzte Fichten liefern hingegen den hier typischen Insekten keine Blätternahrung, weshalb die Kleinstlebewesen sterben. Fichten sind eigentlich im Norden heimisch, wo sie aufgrund der geringeren Anzahl an Sonnenstunden langsamer wachsen. In den Wäldern hier und in Deutschland werden sie vor allem gepflanzt, weil sie durch das Mehr an Licht schnell wachsen – und damit schneller zu Geld zu machen sind. Allerdings kommen sie mit der im Vergleich zu nördlichen Ländern großen Trockenheit im Sommer nicht gut klar. Sie sind ständig durstig und trocknen den Waldboden aus. Dadurch verarmt der Boden zusätzlich.

Es gibt also viele Gründe, eng zusammenstehende Buchen- und Eichenwälder zu befürworten – insbesondere, weil diese leider sehr selten geworden sind.

Huey war gar nicht mehr zu stoppen. Für den Gemüsegarten schlug er ein Bewässerungssystem vor, damit wir keine Gießkannen mehr würden schleppen müssen. Dagegen hätte ich mittlerweile tatsächlich nichts mehr gehabt … Wir waren begeistert von seiner Idee und entschlossen uns, es bei nächster Gelegenheit umzusetzen. Später war Huey der Erste, der den uralten Steingrill vor unserem Haus ausprobierte und darauf Kartoffeln grillte – natürlich aus eigenem Anbau.

Isabelle packte hingegen sofort beim Hühnerhaus mit an, um an den Schnittstellen, an denen der Maschendrahtzaun übereinanderlappte, bessere Verbindungen zu schaffen. Sie hatte außerdem verschiedene Ideen für ein Tiny House im Garten.

«Oder vielleicht sogar als Baumhaus? Dann versiegelt ihr keinen Grund!» Johanna schlug vor, ein Saunahäuschen und einen Pool hinters Haus zu stellen.

Huey, Isabelle und Johanna lebten unseren neuen Alltag einfach mit, genossen die Ruhe, halfen im Garten, und mit der dadurch gewonnenen Zeit unternahmen wir gemeinsame Ausflüge, um die Gegend zu erkunden. Abends diskutierten wir noch bei Kerzenschein und Rotwein draußen unter dem klaren Sternenhimmel das Leben. Wir hatten eine so nette und unkomplizierte Zeit mit den ersten Besuchern, dass wir fast vergaßen, wie sehr sich unser Leben gegenüber der Zeit in Berlin verändert hatte – und dass es nicht selbstverständlich war, dass andere das gut fanden.

Umso härter traf es uns deshalb, als nicht alle Besucher etwas mit unserem neuen Leben anfangen konnten. Einmal hatte sich eine besonders große Gästegruppe angekündigt. Wir hatten im Haus nicht genug Platz für alle und deshalb im Garten zusätzlich Zelte aufgestellt. Anton und ich schliefen mit Argon und Twix in einem davon. Wir hatten ein Bett und neue Matratzen gekauft, das Haus zwei Tage lang geputzt und hergerichtet. Trotzdem waren wir ziemlich nervös, was der Besuch, der uns ja nur als Stadtmenschen kannte, von unserem Selbstversorgerleben halten würde.

Alle waren gekommen, um Urlaub zu machen. Doch hatte jeder eine andere Vorstellung davon. Einige wollten eigentlich ans Meer und schienen eher versehentlich bei uns gestrandet zu sein. Andere wollten die kleinen Hafenstädte in der Bretagne anschauen, und die Kinder wollten in den Freizeitpark. Alle diese Ziele waren weit von uns entfernt – das hatten sie sich wohl vorher nicht klar gemacht. Außerdem passten nicht alle Gäste in ein Auto. Anton und ich wollten es allen recht machen, doch wir konnten uns auch nicht komplett frei nehmen, um die Gäste jeden Tag mit unserem Auto herumzufahren. Es zeigte sich allerdings, dass die ganze Zeit am Hof zu bleiben für einige unserer Besucher keine Option war.

Der Hof, das Land, der Wald – das ist alles, was es hier gibt.

Zu einem Teil heißt das auch, auf sich selbst geworfen zu sein. Plötzlich besteht kein Angebot von außen. Man muss sich mit sich selbst auseinandersetzen, seine Gedanken ordnen, sich in der Natur spüren. Nichts lenkt einen ab. Den meisten unserer Gäste war das – wie uns – angenehm, und sie lobten die Ruhe. Manche wollten sich darauf aber nicht einlassen, sondern möglichst schnell weg. Sie machten sich gar nicht die Mühe, mit den Nachbarn zu sprechen, den Esel zu besuchen oder den Wald kennenzulernen, das Gemüsebeet mit seinen verschiedenen Pflanzen in unterschiedlichen Stadien anzuschauen oder die Motive für unseren Lebenswandel nachzuvollziehen. Es reichte ihnen, wenn das Essen nach den Ausflügen zu ihren entfernten touristischen Zielen abends irgendwie auf dem Teller landete. Wie es dort hingekommen ist, dass alles Gemüse selbst angepflanzt, gepflegt und geerntet werden musste, interessierte sie eher weniger. Vielleicht konnten sie sich auch einfach nicht darauf einlassen. Wenn man im Alltag ständig gestresst und immer in Aktion ist, kann man oft nicht so leicht den Hebel umstellen, um zur Ruhe zu kommen. Es braucht eine Weile, bis man sich daran gewöhnt. Auch wir hatten ja keine Vollbremsung aus unserem alten Leben hingelegt, sondern eine monatelange Odyssee im Wohnmobil hinter uns gebracht, die uns ganz langsam und behutsam in ruhigere Fahrwasser gelenkt hat.

Eines Abends brachte jemand Fleisch mit, weil ihm unser vegetarisches Angebot nicht zusagte. Ich betrachtete das rote Stück in der Plastikhülle, das jetzt in unserem Kühlschrank lag, und hätte es am liebsten im Garten vergraben.

War ich intolerant, so zu denken? Hatte mich das Leben in der Pampa radikaler gemacht? Schließlich akzeptierten unsere Familie und Freunde unseren Ernährungsstil andersherum ja auch. Allerdings musste für Anton und mein Essen auch niemand sterben.

Bei Menschen tolerierten wir Mord oder Beihilfe zum Mord ja auch nicht und sagten, dass es die freie Entscheidung des Mörders sei, zu tun und zu lassen, was er wollte. Ich musste mich zusammennehmen, das Thema nicht zu vertiefen – ich wollte keinen Streit vom Zaun brechen. Dieser Besuch führte mir zum ersten Mal ganz konkret vor Augen, dass ich mich durch mein neues Leben bereits ziemlich verändert hatte.

In den nächsten Tagen observierte ich meine eigenen Gedanken und Aussagen, weil ich Angst hatte, zum merkwürdigen Einsiedler geworden zu sein, verstockt und nur meinesgleichen akzeptierend. Ich redete auch mit Anton darüber, doch es war, als führte ich ein Selbstgespräch. Er hatte dieselbe Entwicklung durchgemacht wie ich, und wir verstärkten uns in unseren Ansichten nur gegenseitig – wahrscheinlich drifteten wir so noch weiter von der Norm ab. Darüber sprach ich später auch noch mit Niki und Stef.

«Ich kenne hier keinen, dem nicht auf irgendeine Weise ein paar Tassen im Schrank fehlen», meinte meine Töpferlehrerin, nachdem ich ihnen meine neue Intoleranz gestanden hatte.

«Das gehört schon dazu», pflichtete Stef bei. «Man hat weniger gesellschaftlichen Druck, sich anzupassen. Dadurch denkt man selbst mehr nach und kommt zu neuen Ergebnissen. Manchmal passen die halt nicht zu dem, was die Mehrheit denkt.»

«Sind wir nicht genau auch deshalb hierhergekommen, um uns diesem Druck zu entziehen und unser eigenes Ding machen zu können?», fragte Niki.

Ich dachte lange darüber nach. Ich mochte die Erklärungen von Niki und Stef. Doch im Endeffekt sprachen sie gerade *dafür*, andere Verhaltensweisen und Einstellungen zu tolerieren. Meine Intoleranz blieb mir deshalb unsympathisch, und ich nahm mir vor aufzupassen, dass ich zumindest nicht allzu merkwürdig werden würde. Ein bisschen dachte ich dabei auch an Obelix. Auf keinen Fall wollte ich in zehn oder zwanzig Jahren das weibliche Obelix-Pendant sein: eine Frau, die nicht einmal bemerkte, dass ihr Verhalten nicht mehr in den gesellschaftlichen Bahnen verlief und andere unangenehm berührte. Meine Form von Aussteigen sollte nicht bedeuten, dass ich das Band zur Gesellschaft kappte. Sowieso wollte ich unser Leben hier in der Bretagne gar nicht als Ausstieg begreifen, sondern viel lieber als Neuanfang. Ich wollte trotz allem ein Teil der Gesellschaft bleiben! Dazu gehörte es natürlich nicht, die Meinungen der Mehrheit unreflektiert zu übernehmen; aber es gehörte dazu, für Argumente und andere Sichtweisen offen zu sein. Und auch anderen meine Sicht verständnisvoll zu vermitteln. Ich hoffte, dass mir das irgendwie gelingen würde.

Je deutlicher wir merkten, dass ein Teil der Gruppe mit unserem neuen Leben nichts anfangen konnte, desto mehr Mühe gaben Anton und ich uns, sie von seiner romantischen Seite zu überzeugen. Wir wollten zeigen, was uns hier so gefiel und warum wir unser Leben hier sinnvoll fanden. Wir wollten unsere Veränderungen verständlich machen. Ich schwärmte zum Beispiel von dem Geruch frisch gebackenen Brotes und schlug vor, eines für das nächste Frühstück zu backen. Ich erntete skeptische Blicke.

«Verbieg dich doch nicht so», rutschte es einer Besucherin heraus. Ich zuckte innerlich zusammen. Ja, sie hatte recht, ich hatte früher nie Brot gebacken. Ehrlich gesagt hatte ich zu unseren Berliner Zeiten nicht einmal genau gewusst, welche Zutaten man dafür brauchte. Aber hieß das, dass ich mich in meinem neuen Leben verstellte? Dass ich es nur «spielte», weil es einer bestimmten romantischen Vorstellung entsprach, während es eigentlich nichts mit mir zu tun hatte? Ich dachte nach. Mir kam es eher so vor, als hätte ich früher weniger ich selbst sein können und hätte hier viel mehr Platz und Ruhe, um das zu tun, was ich wollte. Gerne hätte ich einen Weg gefunden, das Gefühl für diesen Platz und die Ruhe weiterzugeben. Doch das passte nicht in die Vorstellung, die unser Besuch von seinem Urlaub hatte. Einige waren offenbar der Ansicht, dass man sich nur an offiziellen touristischen Zielen gemeinsam mit anderen Erholungssuchenden aufhalten und entspannen konnte. Anton und ich fühlten uns als Reiseveranstalter und Fahrdienst missbraucht.

Nach ein paar Tagen stapelten sich die Mails unserer Kunden in unseren Posteingängen, und dem Garten begann man anzusehen, dass sich niemand mehr darum kümmerte. Noch aßen wir jeden Abend mit der ganzen Gruppe unser selbst angebautes Gemüse, Kartoffeln und Salat. Wenn wir weiterhin nichts im Garten tun würden, würde er jedoch bald keine Nahrung mehr liefern. So sagte ich kurzerhand, dass ich einen Tag zu Hause bleiben würde, und arbeitete allein im Garten, während die anderen einen Ausflug machten.

Als sie zurückkamen, warf mir eine Besucherin mein Fernbleiben vor: Sie seien nun extra alle von so weit hergekommen, und ich würde schon nach ein paar Tagen einfach «Pause» machen, um im Garten zu arbeiten. Sie sah Gartenarbeit als Hobby, als Freizeitbeschäftigung an. Wirklich übelnehmen konnte ich es ihr nicht, so hätte ich es in meinem alten Leben sicher auch verstanden. Aber in meinem neuen Leben war es ein unverzichtbarer Teil meines Alltags: etwas, das man tun musste, um gesund und glücklich sein Leben führen zu können – und das man trotzdem genießen konnte. Und nicht zuletzt etwas, das notwendig war, wenn man essen wollte, ohne einzukaufen! Es gelang mir leider nicht, das unseren Gästen zu vermitteln. Bei diesem Besuch lief einfach viel schief – ohne dass es jemand gewollt hätte.

Die meisten unserer Gäste fühlten sich aber von Anfang an

wohl und gliederten sich in unseren Alltag gut ein. Als meine Mutter zu Besuch kam, fand sie es, glaube ich, anfangs schwierig zu akzeptieren, dass unser Leben kein ewiger Urlaub war. Obwohl wir in Frankreich lebten – ein Land, das sie als Ferienland kannte –, arbeiteten wir hier ebenso, wie sie es in Deutschland getan hatte. Unser Alltag war ein anderer, als es ihrer als Lehrerin gewesen war. Aber es war genauso ein Alltag, mit all seinen Aufgaben und Pflichten. Nach und nach entwickelte meine Mutter aber tatsächlich ein neues Bild von mir und meinem jetzigen Leben. Sie akzeptierte, dass unsere Entscheidung für diesen Hof keine Phase oder Flucht war, sondern mein – vielleicht recht überstürzt-verzweifelter – Versuch, endlich nach meinen eigenen Überzeugungen zu leben. Als sie mit der Zeit sah, dass es funktionierte, ohne dass ich von anderen abhängig wurde, war sie, glaube ich, zufrieden damit. Im zweiten Jahr besuchte sie mich jedenfalls mit einem Freund noch einmal und hatte richtig Spaß daran, ihm alles zu zeigen. Einmal beobachtete ich sie, wie sie glücklich lächelnd mit Argon in unserem kleinen Wald spazierenging und die Bäume betrachtete. Vielleicht sah sie sie mit praktischeren Augen und anders als ich. Aber ich spürte, dass wir einander verstanden – und das tat gut, denn meine Mutter ist mir unglaublich wichtig. Als sie von ihrem Spaziergang zurückkam, sagte sie: «Ich hab da so eine Idee: Wenn ihr über die Ruine ein Glasdach spannen würdet, hättet ihr ein wunderschönes Gewächshaus! Ihr könntet Zitrusfrüchte pflanzen!» Da wusste ich, dass sie bei uns angekommen war!

Und auch der schwierige Besuch der großen Gruppe war rückblickend nur ein schlechter Start – wir hakten die Sache schließlich ab. Auch das gehörte wohl zum Auswandern: Wenn man seine Freunde und Familie aufgrund der Entfernung so selten sieht, kann man es sich nicht erlauben, sich an einzelnen negativen Ereignissen aufzuhängen. Und unsere Leute waren schließlich ansonsten wirklich großartig! Es gab tausend positive Ereignisse, an die ich mich erinnern konnte.

Außerdem erhielten wir einige Tage später einen Anruf von einer unserer ersten Besucherinnen in der Bretagne, von Isabelle: «Wir haben genug von Berlin. Die Stadt ist anstrengend, und wir wollen auf dem Land neu anfangen. Wir ziehen zu euch!», rief sie. «Wir haben ewig diskutiert, und jetzt steht es fest: Wir suchen in eurer Gegend nach einem Haus. Es sollte einen großen Garten haben, damit wir unser Gemüse selbst anbauen können. Vielleicht halten wir auch ein paar Hühner. Wir wollen ökologischer leben und mehr Zeit in der Natur verbringen. Es war so schön bei euch!»

«Wir werden wieder Nachbarn!» Ich freute mich riesig über diese Nachricht. Gleichzeitig war ich völlig überrascht. Auch Anton grinste breit.

«Und ihr werdet es viel einfacher haben als wir», schwärmte er. «Ihr könnt alle schon perfekt Französisch!»

Die ganze Familie war zweisprachig. Isabelle war Lehrerin, sie würde hier sicher einen Job finden. Julien war Politologe. Vielleicht konnte er wie wir übers Internet arbeiten. Ansonsten würde er sicher auch eine andere gute Arbeit finden. Johanna ging in Berlin schon in eine französische Schule.

Wir telefonierten an diesem Abend noch lange miteinander. Wie immer ging unsere Phantasie schnell mit uns durch, die Pläne wurden größer und größer, und bald schon redeten wir von der Gründung eines Ökodorfs rund um Kerjégu. Nachdem wir aufgelegt hatten, ging ich mit dem schönen Gefühl ins Bett, dass unsere Freunde und Familie die Beweggründe für unser neues Leben am Ende doch würden nachvollziehen können. Manche brauchten dafür vielleicht einfach noch mehr Zeit als andere – umgekehrt verstehe ich ja auch die Entscheidungen meiner Familie und

Freunde nicht immer sofort. Jeder hat eben einen anderen Alltag, andere Verpflichtungen, Probleme, und in manchen Momenten konnte man sich darüber weit voneinander entfernen – in anderen war man wieder offen füreinander und spürte die Nähe.

Und Isabelle, Julien und Johanna? Denen war es tatsächlich ernst mit ihren Umzugsplänen: Im folgenden Frühjahr kamen sie wieder ein paar Tage bei uns vorbei, um die ersten Häuser in der Gegend zu besichtigen.

Making a living or making a life?

Wie wir uns den Luxus gönnten, unsere Kosten
noch drastischer zu reduzieren

An einem Dienstag hatte Julia keine Zeit für unser Französischtreffen. «Kommt doch einfach zu mir», meinte Kellie. So fuhr ich etwa zwanzig Autominuten nach Bieuzy, einen kleinen Ort mit 739 Einwohnern. Eine davon war Kellie. Mit ihrem Mann Dave wohnte sie in einem Haus, das sie komplett selbst gebaut hatten. Schon von weitem konnte ich die riesige Fensterfront im Erdgeschoss sehen. «Von dort aus musste man einen gigantischen Blick über die Landschaft haben», dachte ich, während ich die Kiesauffahrt zum Haus hochging. Ich klopfte an die Tür. Eine merkwürdige Besonderheit auf dem Land, die wir allerdings schnell übernommen haben: Wirklich niemand benutzt hier die Türklingel. Es gibt stattdessen eine ausgeprägte Klopf- und Rufkultur. Bei Kellie musste ich nur einmal ganz sacht klopfen. Schon bellten ihre Hunde.

«Heyyy», rief sie überschwänglich und umarmte mich. «Hast du es leicht gefunden?»

«Klar, und es ist wunderschön hier!» Die beiden Labradore begrüßten mich und freuten sich, gekrault zu werden. Barreka war schwarz und genauso alt wie Twix. Bramble war weißblond, etwas älter als Argon und fast ebenso verrückt.

«Komm erstmal rein», sagte Kellie.

An den Wänden hingen überall Kellies Bilder. Außerdem ein

paar Gemälde von befreundeten Künstlern. Im Wohnzimmer stand eine Staffelei, auf der eine große Leinwand lehnte. Darum herum waren Farben verteilt. Hier arbeitete Kellie.

Doch die Leinwand war nicht das, was meinen Blick auf sich zog. Es war vielmehr die weiße Ziege, die auf der Wendeltreppe stand.

«Auf deiner Treppe steht eine Ziege», bemerkte ich.

«Das ist Hannah», sagte Kellie. «Sie ist noch ein Baby. Ich ziehe sie mit der Flasche groß, weil ihre Mutter zu schwach war. Nimmst du einen Kaffee?»

«Gern!»

Während Kellie zur Kaffeemaschine ging, fielen mir die Katzen auf. Auf dem Tisch lagen zwei, auf dem Sofa eine weitere und draußen auf der Terrasse waren noch viel mehr. Hunde und Katzen schienen sich super zu verstehen. «Wie viele Katzen habt ihr denn?»

«Acht plus momentan drei», meinte Kellie.

«Elf plus momentan drei», sagte eine Stimme hinter ihr. Das musste Dave sein. Er war gerade ins Zimmer gekommen. Er hatte einen langen blonden Pferdeschwanz und trug Jeans und T-Shirt. Kellie stellte uns vor.

«Ein paar Katzen sind wild und nicht wirklich unsere», erklärte sie dann. «Sie wohnen dort, wo unsere drei Pferde stehen. Wir füttern sie aber und kümmern uns um sie.»

«Hast du schon in die große Kiste unter der Lampe dahinten geschaut?», fragte Dave.

«Ähm … – ach Gott! Wie süß sind die denn?!» In der Kiste schliefen, eingekuschelt in eine Decke, drei winzige Katzenbabys.

«Die habe ich letztens bei einem Spaziergang gefunden», meinte Kellie. «Jemand muss sie gleich am ersten Tag ausgesetzt haben. Sie hatten sogar noch die Nabelschnüre dran. Wir ziehen sie jetzt mit Ziegenmilch auf. Und wenn sie groß genug sind, vermitteln wir sie. Außer vielleicht einem. Das behalten wir.» Kellie und Dave grinsten.

Als ich kurz darauf auf der Toilette in einer kleinen Voliere eine verletzte Taube entdeckte, die Dave von der Straße gerettet hatte und jetzt wieder gesund pflegte, wunderte ich mich schon gar nicht mehr darüber. Ich fühlte mich hier vom ersten Augenblick an wie zu Hause.

«Dave findet oft verletzte Tiere und bringt sie heim», erklärte Kellie später. «Er ist wegen der Arbeit ja viel auf dem Land unterwegs. Wir hatten sogar schon eine verletzte Eule, die wir jeden Tag mit Mäusen füttern mussten. Sie hat sich gut erholt. Wir haben sie später wieder frei lassen können.» Kellie saugte gerade ein paar Hinterlassenschaften von Babyziege Hannah auf. Becky und Stef, die mittlerweile auch angekommen waren, saßen an dem großen Tisch bei den Katzen, die Hunde lagen friedlich darunter.

Ich dachte: «Wow, so will ich auch leben!» Wir hatten von unserem neuen Lebensstil ja eher eine abstrakte Vorstellung gehabt, hatten Bücher gewälzt, diskutiert und uns Gedanken gemacht. Doch auf einmal begegneten wir Menschen, die längst schon so lebten, wie wir es uns vorstellten, und von denen wir lernen konnten. Kellie und Dave halfen einer Menge Tiere, sie waren Vegetarier und bauten einen Teil ihres Essens selbst an. Auch Becky und Tom waren weitgehend Selbstversorger. Keiner machte das nach einem abstrakten Plan. Sie lebten einfach so, ohne es groß zu benennen.

Dieses Französischtreffen stimmte mich nachdenklich. Ich saß still mit meinem Kaffee zwischen den anderen und war einfach dankbar. Welches Glück hatten wir gehabt, genau hier gelandet zu sein, genau diese Menschen kennengelernt zu haben! Mir wurde klar: Selbst wenn sich morgen alles als Irrtum herausstellen würde und jemand käme und sagte, dass es doch nicht möglich sei, den Hof zu kaufen, hätte sich jede Minute hier gelohnt.

Wie Kellie und Dave lebten auch wir in der Bretagne viel näher mit unseren Tieren zusammen. Da ließ es sich kaum vermeiden, dass man voneinander lernte. Ein Schlüsselerlebnis hatten wir dabei auf einem Spaziergang mit den Hunden.

«Argon, komm!», schrie Anton gerade bestimmt zum fünften Mal.

«Schau mal, Leckerli», lockte ich. «Komm – bitte!»

«Guck, wir spielen mit diesem Stöckchen. Du musst nur zu mir herkommen!» Anton hob mit vorgetäuschter Begeisterung einen Stock hoch und warf ihn, während er lustige Luftsprünge vollführte. Vor Monaten hatte das noch funktioniert und Argons Aufmerksamkeit gewinnen können. Jetzt war er allerdings in der Flegelphase und wollte lieber weiter durch den Wald ziehen. Also waren wir abgeschrieben.

«Jetzt fällt mir auch nichts mehr ein, um ihn anzulocken», sagte ich und setzte mich vor dem Auto ins Gras.

Es half alles nichts. Wir konnten nur warten, bis er irgendwann hoffentlich zu uns zurückkam. Zum Einfangen war er viel zu schnell. Twix war hingegen sofort hergekommen, wie immer. Er hätte auch ohne Belohnung gehört; Leckerlis gab es dafür erst wieder, seit Argon bei uns eingezogen war. Anton setzte sich zu Twix und mir.

«Je mehr man will, desto kontrollierbarer ist man», sagte er nach einer Weile. «Argon will von uns jetzt gar nichts. Das macht ihn in seinen Entscheidungen komplett frei.»

«Irgendwann wird er schon so verfressen werden wie alle anderen Hunde», meinte ich. «Dann kommt er spätestens, wenn man ihm ein Leckerli hinhält.»

«Ist doch auch beeindruckend», sagte Anton. «Ist doch bei Menschen genauso. Je mehr Zeug wir von anderen wollen, desto mehr sind wir von ihnen abhängig, müssen uns zum Beispiel von Arbeitgebern rumschubsen und unseren Alltag vorgeben lassen, weil wir Geld wollen. Und desto weniger machen wir das, wozu wir eigentlich Lust haben. Weil uns jemand mit Geld lockt, setzen wir uns einen großen Teil unserer Lebenszeit bucklig hinter den Computer. Wenn wir nichts brauchen würden, könnten wir einfach ‹Nein, danke› sagen und lieber was anderes machen.»

Ich musste lachen. Das war wieder einer von Antons typischen Vergleichen.

«Stimmt schon. Aber wenn man einmal angebissen hat, kommt man schwer wieder weg. Wer einen Hauskredit abbezahlen muss oder finanzielle Verantwortung für Kinder trägt, kann ja nicht plötzlich aufhören zu arbeiten. Man muss mitspielen und bei ‹Komm!› antanzen, sonst wird es schwierig.»

«Oft braucht man aber weniger, als man denkt», sagte Anton. «Sieht man doch bei uns.»

Das stimmte allerdings. Seit wir auf dem Land lebten, brauchten wir viel weniger Geld. Denn es gibt hier viel weniger Orte, an denen man es ausgeben kann. Cafés sind bei uns sowieso nicht in näherer Reichweite. Im nächstgrößeren Ort Pluméliau gibt es ein Restaurant. Eins. Ab und an gönnen wir uns dort ein Essen – allerdings selten. Das war's.

In unserer Freizeit besuchen wir häufig Tom und Becky. Wir gehen wandern, und im Sommer schwimmen wir im Fluss Blavet, der direkt an ihr Haus angrenzt. Manchmal fahren wir auch ans Meer, das eine gute halbe Stunde entfernt ist. Oder wir erfinden Aktivitäten. Zum Beispiel haben wir einmal mit einer großen Gruppe Freunde aus Resten und Plastikmüll Boote gebaut und damit auf der Blavet ein Rennen veranstaltet. Das war ziemlich lustig, auch wenn das Boot von Anton und mir leider verloren hat. Anschließend fischte Dave die Boote mit dem Kajak wieder aus dem Wasser. Einmal pro Woche bin ich außerdem bei Julia zum Französischkurs und einmal bei Niki zum Töpfern. Kneipenrunden abends haben wir abgehakt. Stattdessen essen wir mit Freunden zusammen das, was im Garten wächst. Manchmal veranstaltet jemand einen Videoabend, ein Spielefest oder ein Tischtennisturnier. Alle paar Wochen brennen wir einen Abend lang die neugetöpferten Dinge und stehen mit Wein und leckeren Häppchen um den Ofen oder das offene Feuer. Freizeitaktivitäten sind hier keine Preisfrage!

Und auch sonst sind die laufenden Kosten geringer. Schicke Klamotten zum Beispiel? Würden im Garten sowieso kaputtgehen. Anton kaufte seine Kleidung deshalb mittlerweile sogar im Baumarkt – wenn wir überhaupt welche kauften. Aus den Zeiten in der Stadt hatten wir noch so viel, dass wir es erstmal auftragen konnten. Kleidung hatte keinen hohen Stellenwert mehr.

Wer sich also überlegt, aufs Land zu ziehen, aber nicht sicher ist, wie er dort Geld verdienen kann, kann getrost mit einrechnen: Zumindest braucht man davon nicht mehr so viel wie in der Stadt. Irgendwann hatten wir nachgerechnet und erstaunt festgestellt, dass wir unsere Ausgaben um ziemlich genau die Hälfte reduziert hatten – ohne uns bewusst einzuschränken.

«Na, wenn wir so wenig brauchen, warum arbeiten wir dann eigentlich?», fragte ich Anton mit Augenzwinkern.

«Ich wette, es ist zum Teil aus Gewohnheit. Wenn wir wollten, könnten wir mit noch weniger auskommen – und hätten noch mehr Zeit.»

Ich mag meinen Job, und deshalb ging es mir gar nicht unbedingt darum, meine Arbeitszeit weiter zu reduzieren. Aber unser Gespräch fand ich trotzdem spannend.

So kam es, dass wir beim Warten auf Argon zum ersten Mal berechneten, wie viel Geld wir eigentlich mindestens zum Leben brauchen würden. Anton zog sein Handy aus der Tasche und öffnete die Rechner-App.

Natürlich hatten wir laufende Kosten, die wir nicht einschränken konnten: den Hauskredit zum Beispiel, auch wenn er nicht besonders hoch war. Dazu kamen Kranken- und Rentenversicherungen. Ich hatte außerdem noch eine alte Lebens- und eine Berufsunfähigkeitsversicherung. Für das Haus kamen die üblichen festen Kosten dazu: Wasser, Strom, Internet, Telefon, Versicherung und Steuern. Das Auto brauchte Benzin und eine Versicherung. Danach wurden die Beträge schon deutlich kleiner: Hunde- und Hühnerfutter, Handyvertrag, Haftpflichtversicherung und ein paar Abonnements für Zeitschriften. Auch das Einkaufen fiel weniger ins Gewicht, weil wir unser Essen im Sommer und Herbst zu einem großen Teil selbst anbauten. Ein bisschen Puffer musste natürlich für Geschenke, Reparaturen oder Urlaub sein – auch wenn wir letzteren weniger brauchten als in unseren alten Leben. Und wir brauchten ein kleines Polster, falls zum Beispiel einer von uns einmal krank werden sollte. Als Selbständige würde bei uns das Einkommen dann ja ausfallen.

Als uns beiden keine Posten mehr einfielen, drückte Anton auf «=». Und wir staunten. Wir hatten beide mit einem viel höheren Betrag gerechnet.

Mein gesamtes Leben über hatte ich Geldverdienen von der falschen Seite aus betrachtet. Ich hatte immer möglichst viel verdienen wollen und das, was reinkam, dann ohne weitere Überlegungen aus kurzfristigen Bedürfnissen heraus ausgegeben – oder ab und zu auch aus einer vagen Zukunftsangst heraus angelegt. Umgekehrt machte es aber viel mehr Sinn: Wir wussten jetzt in etwa, wie viel Geld wir tatsächlich brauchten, um zu leben, also wie viel wir ausgeben und anlegen wollten. Dann berechneten wir, wie viele Stunden wir dafür arbeiten mussten.

«Wenn mein Vertrag mit meinem Hauptkunden ausläuft, arbeite ich nur noch halbtags», sagte Anton sofort, als wir das Ergebnis sahen.

«Hm, ich weiß nicht. Lass uns das erstmal beobachten», meinte ich vorsichtiger. «Irgendwie ist das doch komisch. Wenn wir nur so wenig brauchen, wo ist das Geld denn dann die ganze Zeit hingegangen?» Es hatten sich ja alles andere als Unsummen auf unseren Konten angehäuft.

Die Frage blieb erstmal offen. Denn gerade kam Argon hechelnd aus dem Wald getrabt. Es sah fast so aus, als lachte er. Genug herumgestreunt also. Er leckte Twix einmal quer über die Schnauze und legte sich dann neben uns ins Gras.

«Da bist du ja», sagte Anton.

Wir luden die Hunde ins Auto und fuhren nach Hause.

Eigentlich hatten wir noch nie viel aufs Geld geschaut – auch in Zeiten, in denen es knapper war –, doch in den kommenden Wochen beobachteten wir unsere Ausgaben genauer. Schließlich ging es jetzt um unsere Unabhängigkeit! So fragte ich mich bei jedem Kauf, ob ich das wirklich brauchte oder ob es mich nachhaltig glücklich machte. Ich merkte, dass ich viele Dinge kaufen wollte, die scheinbar vernünftig klangen, eigentlich aber unnötig waren. Das konnten Kleinigkeiten sein wie Französisch-Vokabelkarten für Fortgeschrittene. Bei näherem Betrachten hatte ich damit nur mein schlechtes Gewissen beruhigen wollen, die Vokabelkarten für Anfänger noch nicht komplett durchgearbeitet zu haben. Sinnvoller gegen das schlechte Gewissen: nichts Neues kaufen, sondern lieber Vokabeln aus der angefangenen Kartei lernen.

Es konnten aber auch größere Ausgaben sein, die nur vermeintlich vernünftig waren und eigentlich einen anderen Grund hatten: So hatte ich ein extrem teures Gewächshaus kaufen wollen, weil wir mit dem Eigenbau aus Glastüren und -fenstern immer noch nicht weitergekommen waren und ich gern auch im Winter Gemüse anbauen wollte. Was ich mit dem Kauf hatte verschleiern wollen: Ich hatte keine Ahnung, wie man mit Holz eine größere Konstruktion baut – mal abgesehen von einem Billy-Regal, bei dem alles fertig zugeschnitten war und dem eine Aufbauanleitung beilag. Noch dazu waren die Glastüren extrem schwer. Die Konstruktion musste also wirklich solide sein, damit das Gewächshaus am Ende niemandem auf den Kopf fiel. Schließlich hatte Anton mich aber überzeugt, dass es besser war, wenn wir es mit dem Bau selbst probierten und es schiefging, als wenn wir es nicht probierten, gar nichts daraus lernten und auch in Zukunft weiter auf solche Käufe angewiesen wären.

Indem ich meine Kaufreize so hinterfragte, fiel mir auf, dass es oft ein Mangel an Selbstkontrolle gewesen war, aus dem heraus ich eingekauft hatte. Wie ein Kind hatte ich häufig einfach dem Konsumreiz nachgegeben, ohne zu hinterfragen, warum ich dieses oder jenes haben wollte – und ob ich es wirklich brauchte. Konsum als Mangel an Kontrolle zu sehen, war für mich ein neuer Ansatz. Und obwohl ich bereits weniger kaufte als in der Stadt, fielen mit dieser neuen Herangehensweise noch einmal einige Käufe weg. Plötzlich verringerten sich unsere laufenden Kosten wirklich annähernd auf den Wert, den wir ausgerechnet hatten, während wir nach unserem Waldspaziergang auf unseren freiheitslieben-den Hund gewartet hatten.

Anton reduzierte seine Arbeitsstunden kurz darauf und ar-beitete nur noch halbtags. Die zusätzliche Zeit verbrachte er mit Surfen, eigenen Projekten sowie im Garten. Ich begann ebenfalls, weniger zu arbeiten, etwa vier bis fünf Stunden am Tag. Weil ich durch die geringeren Ausgaben weniger auf Geld angewiesen war als früher, konnte ich mich jetzt bewusster für Projekte entscheiden, die mich wirklich interessierten oder deren Ziele ich sinnvoll fand. Diese Projekte konnte ich dafür intensiver angehen – und hatte trotzdem mehr Zeit, die ich draußen verbringen konnte.

«Geld allein macht nicht glücklich, aber es ist besser, in einem Taxi zu weinen als in der Straßenbahn», soll der Literaturkritiker Marcel Reich-Ranicki einmal gesagt haben. Ich hatte das bisher einleuchtend gefunden, auch und gerade weil ich als Autorin in den ersten Jahren meiner Selbständigkeit erlebt hatte, wie es war, mit sehr wenig Geld zu leben. Wenig Geld zu haben, hatte mir dabei andererseits aber auch nie wirklich Angst gemacht. Freilich war ich nie arm in dem Sinn, dass ich nicht genug zu essen gehabt hätte. Das wäre natürlich etwas anderes gewesen! Doch ich empfand es als unangenehmen Druck, wenn ich Dinge nicht tun konnte, die andere in meinem Umfeld mehr oder weniger selbstverständlich machten. Weil man über Geld in Deutschland nicht redet, traute ich mich nicht, den Grund dafür anzusprechen. Weil ich jung und gesund war, konnte ich das Gefühl, wenig zu haben, aber auch auf eine gewisse Weise genießen. Und ich habe es vielleicht auch deshalb durchgehalten, weil sich jedes Jahr eine kleine Besserung eingestellt hat. Das hat – so schräg es vielleicht klingt – doch dazu beigetragen, dass ich immer weitermachte, ohne meine aktuelle Situation schlecht zu finden.

Später wurden die Aufträge lukrativer, und ich konnte schließlich in München und Berlin ganz gut von meinem Einkommen leben. Ja, ich gebe es zu: Das war schon angenehmer – aber vor allem, weil wir in der Stadt waren.

Hier auf dem Land war das anders! Wenn Freizeitaktivitäten gratis sind und es sowieso weder Taxi noch Straßenbahn gibt, hilft einem auch das Geld nichts. Und während man zu Fuß durch den Eichenwald nach Hause geht, ist einem vielleicht auch schon weniger nach Weinen zumute. Geld macht hier also sicher nicht glücklich. Mal abgesehen von dem Minimum, das man braucht, um seine Kosten zu decken, hat das Vorhandensein von Geld schlicht keinen positiven Einfluss auf das Glück. Im Gegenteil würde mehr Geld vielleicht auch wieder abhängiger machen: von Investitionsmöglichkeiten, Sicherheitsvorkehrungen und Verlustängsten.

Unsere neuen Freunde wirkten auf mich viel entspannter, als wir es anfangs waren. Vielleicht deshalb, weil sie weniger Ängste und Sorgen hatten, ihre Ausgaben zu decken. Als Selbstversorger waren Tom und Becky zum Beispiel nicht in dem Maße wie andere darauf angewiesen, ihr Essen einzukaufen. Der Garten gab mehr her, als sie allein hätten verzehren können. Wenn ich weniger Geld brauchte, das ich ja mit Zeit- und Energieeinsatz hätte beschaffen müssen, konnte ich mich nun stattdessen öfter fragen, worauf ich eigentlich Lust hatte. Mit der frisch gewonnenen Zeit konnte ich zum Beispiel ein bisschen durch den Wald ziehen.

Vielleicht wollte Argon mich ja begleiten.

Das Spektakel

Wie man in der Bretagne traditionell
ausgeht und feiert

Ein kleiner, weißer Renault hoppelte langsam über die unbefestigte Einfahrt auf unser Haus zu. Wir staunten nicht schlecht. Die einundachtzigjährige Mado saß am Steuer. Daneben saß eine gutgelaunte Agnès. Sie hatten zwar gesagt, sie würden uns abholen, aber wir waren davon ausgegangen, dass sie zu Fuß kommen würden. Jetzt amüsierten sie sich über unsere verwunderten Gesichter. «Einsteigen, Kinder!», rief Mado ungeduldig. «Das Taxi ist da!» Wir beeilten uns, auf die Rücksitze zu klettern. In Pluméliau fand heute Abend ein Fest statt. Unser erstes Volksfest in der Bretagne! Mado und Agnès hatten gefragt, ob wir zusammen hingehen würden. Sie kannten im kleinen Pluméliau beinahe jeden und würden uns alle vorstellen können – das wollten wir uns nicht entgehen lassen.

Mado redete beim Autofahren ununterbrochen. Agnès versuchte uns parallel zu erklären, wie der Abend ablaufen würde.

«Zuerst trinken alle Cidre und essen Galettes und Crêpes. Danach tanzen wir am See bretonische Volkstänze. Mado freut sich schon die ganze Zeit darauf, mit Anton zu tanzen. Um Mitternacht gibt es dann auf dem See ein Feuerwerk, ein wahres Spektakel.»

«Oh je, wir können die bretonischen Volkstänze aber gar nicht», sagte Anton.

«Das wird umso lustiger. Dann machen wir Fotos.» Agnés lachte. «Das lernt ihr schnell.»

Mado fuhr einen flotten Reifen. Ich hatte den Eindruck, sie bog absichtlich dynamisch um die engen Kurven, um zu zeigen, wie beeindruckend fit sie noch war.

In Pluméliau angekommen, parkten wir am Straßenrand und gingen zum See.

Es dämmerte schon, und überall leuchteten bunte Lichter. Um die Stände herum waren Lampions angebracht, und auf einer leicht erhöhten Holzbühne spielte eine Band bretonische Musik. Wichtige Instrumente sind dabei Violine, Dudelsack und Klarinette, die sie keltisch klingen lassen und mich deshalb immer an Mittelalterfilme und Fantasy-Rollenspiele erinnern. Die Sänger singen oft zu zweit, dabei hört es sich so an, als würden sie ein Gespräch führen. Es ist fröhliche Musik, klingt aber in meinen Ohren auch ein bisschen unwirklich und mystisch.

Fast jedes bretonische Dorf hat sein eigenes Volksfest. Meist wird das Essen von freiwilligen Helfern zubereitet und kostet zwischen einem und zwei Euro, was, wenn man deutsche Volksfeste gewohnt ist, doch überraschend wenig ist. Im Vordergrund steht dabei nicht, Geld einzunehmen, sondern Menschen zusammenzubringen. Und es geht um den Stolz des jeweiligen Dorfes: Man will zeigen, dass man hier zu feiern weiß, erklärte uns Mado, als wir auf die Stände zugingen.

Wer in die Bretagne reist, findet die Volksfeste übrigens leicht. Am Straßenrand weisen oft selbstgemalte Schilder mit Hinweisen wie «Fest noz» oder «Fête de …» plus Namen von Heiligen darauf hin.

Sobald wir den ersten Stand erreicht hatten, wurden Mado und Agnès von allen Seiten begrüßt. Tatsächlich: Wirklich jeder schien sie zu kennen. Auch wir wurden gleich mitgeküsst. Die Leute wirkten sehr unkompliziert; alle waren freundlich und aufgeschlossen. Am Crêpes-Stand bestand Mado darauf, Anton und mich einzuladen. Während die beiden sich anstellten, erzählte mir Agnès, dass sie und Mado früher eine Weile lang bei Président gearbeitet hatten. Der Butter- und Käsehersteller habe es ihnen angetan und seitdem seien sie – wie die meisten Bretonen – völlig verrückt auf Butter. In der Bretagne schmeckt die Butter salzig. Die Bretonen erzählen den Touristen gern, das komme daher, weil die Kühe regelmäßig im Meer schwämmen.

Jetzt war Mado an der Reihe: «Zwei Galettes mit Butter», bestellte sie für sich und Agnès. Die dünnen Pfannkuchen sind das bretonische Nationalgericht. Im Gegensatz zu Crêpes werden sie allerdings aus Buchweizen hergestellt und werden nicht süß, sondern herzhaft zubereitet. Man isst sie mit allen möglichen Füllungen: Pilzen, Spiegeleiern, Käse, Gemüse, Würstchen. Serviert werden sie vor allem in der Crêperie. Fast alle der wenigen Restaurants, die es hier in der Gegend gibt, sind Crêperien. Bretonen bestellen dort traditionell zuerst eine Galette, danach – quasi als Nachspeise – ein Crêpe. Dazu trinken sie den Cidre der Region.

Auf Mados Galette schwamm die Butter.

«Nur so wenig?», fragte sie. «Kann ich bitte noch mal eine Portion Butter bekommen?» Zufrieden betrachtete sie, wie der Mann vom Galettes-Stand ihr eine große Portion Nachschlag gab. Das war wirklich verdammt viel Butter.

Bevor ich den Cidre holen konnte, kam Agnès schon mit einer Flasche zurück, und so nahm ich mir vor, gut aufzupassen und – sobald die Flasche leer war – Nachschub zu holen. Wir setzten uns an eine der langen Festbänke zu einer netten französischen Familie und begannen zu essen, als ich eine bekannte Stimme hörte.

«Huhu, hab ich mir doch gedacht, dass wir euch hier treffen!» Es war Stef. Hinter ihr balancierte Michael zwei Galettes und eine weitere Flasche Cidre.

Wir stellten alle einander vor, und sie setzten sich zu uns. Stef und Mado begannen sofort zu plaudern.

«Du kannst aber gut Französisch», sagte Mado gerade.

«Wir sind schon eine Weile hier», meinte Stef.

Die Musik wurde lauter, und die Sänger setzten ein. Ich schaffte es gerade noch, eine neue Flasche Cidre zu holen, bevor Mado Anton fragte:

«Tanzen wir?»

«Okay», antwortete Anton schüchtern. «Ich weiß aber nicht, wie das geht.»

Vor der Bühne drehten sich schon bestimmt zwanzig Paare im Kreis. Sie machten dabei immer die gleichen Grundschritte. Weil es ziemlich schnell ging, war es aber nicht leicht, sie sich abzuschauen. Agnès kicherte mir zu:

«Siehst du, jetzt ist sie endlich am Ziel, das wollte sie schon die ganze Zeit.»

Mados kurze braune Locken hüpften, während sie sich mit Anton auf der Tanzfläche drehte. Sie lachte. Sie und Agnès schienen sich so richtig wohlzufühlen.

Jeder kannte sich, und auch ich fühlte mich gut aufgehoben. Niemand schien etwas dagegen zu haben, dass wir aus anderen Ländern hierhergezogen waren. Viele fragten allerdings nach dem Warum. Ich brauchte immer noch lange, um unsere Geschichte auf Französisch zu erzählen, doch die Bretonen waren geduldig und interessiert. Die meisten waren hier auf dem Land großgeworden und kannten das Großstadtleben nicht. Kein Wunder, dass sie – zumindest für mein Gefühl – eine etwas romantisierte, idealisierte Vorstellung von der Stadt hatten. Für sie war die Stadt ein aufregender Ort, an dem einem alles passieren konnte, an dem alles möglich war und der einen inspirierte – so, wie es einem in den Medien eben häufig vermittelt wird. Ich selbst habe

das aber nur während der Anfangszeit in Berlin wirklich so empfunden.

Die meisten schien es zu freuen, wenn ich sagte, wie schön ich
das Leben hier fand: die magisch-wilde Natur, die freundlichen
Menschen, der viele Platz, die alten Dörfer mit den Steinhäuschen,
die den ganzen Sommer über mit Blumen geschmückt sind. Und
ich meinte, was ich sagte. Die Bretagne begeisterte mich!

Während ich mich unterhielt, versuchte Anton auf der Tanzfläche sein Bestes. Er schien sich gut zu schlagen, zumindest be-
schwerte Mado sich nicht, und Antons Gesichtszüge hatten sich
auch etwas entspannt. Ich machte auf Agnès' Bitte hin ein paar
Fotos mit dem Handy.

Dann begannen die Gruppentänze. Alle stellten sich dafür in
einem riesigen Kreis auf. Jeder gab seinem jeweils linken und
rechten Nachbarn den kleinen Finger. Ja, das sah so verrückt aus,
wie es sich anhört! Wir verhakten die Finger, und los ging's. Sehr
lebendig waren die Tänze allerdings nicht. Meist ging es ein paar
Schritte in eine Richtung, dann ein paar in die andere, nach vorne
und zurück. Dabei schwangen die Arme mit den eingehakten Fingern auf und ab. Ein Tanz, den man selbst im Vollrausch auf die
Reihe bekommen würde!

Warum man welchen Tanz zu welchem Lied tanzte, konnte ich
nicht herausfinden. Es schien allerdings irgendeine Übereinkunft
zu geben, weil alle immer dasselbe taten. Am Takt konnte es nicht
liegen. Die traditionellen Lieder waren immer im 4/4-Takt.

Mado und Agnès fanden es aus irgendeinem Grund superlus-
tig, dass wir mittanzten. Die Leute im Dorf lachten uns aufmun-
ternd zu. Links neben mir stand eine Frau, die etwa Mitte vierzig
war. Rechts von mir tanzte ein Junge, der nicht älter als sechs Jahre
alt sein konnte. Mado und Agnès waren nicht die ältesten. Dieses
Volksfest war wirklich generationenübergreifend! Selbst die Ju-

gendlichen schienen sich mit den Volkstänzen zu identifizieren, was mich wirklich überraschte. Ein Mädchen befreite sogar kurz ihren rechten kleinen Finger, um schnell ein Selfie von sich beim Tanzen zu machen. Gab es hier keine Pubertät?

Agnès, Stef und ich stellten uns nach einer Weile an den Rand, um den anderen zuzusehen und ein bisschen zu quatschen. Es war mittlerweile dunkel geworden, und das Fest war die einzige Lichtquelle weit und breit. Vor uns lag der See, den die Feuerwehr auch als Löschsee verwendete. In der Mitte des Sees schwammen miteinander verbundene Euro-Paletten wie ein Floß. Darauf war eine Menge Holz gestapelt.

«Gleich zünden sie es an», verkündete Agnès stolz.

Tatsächlich watete in diesem Moment ein Feuerwehrmann durch das Wasser auf die Paletten zu. Tief schien der See also nicht gerade zu sein. Kurz darauf erhellte ein riesiges Feuer die Dunkelheit. Es zeichnete lange Schatten hinter die Menschen auf dem Fest und färbte die Szenerie tiefrot.

«Dieses Fest haben wir hier schon gefeiert, als ich noch klein war», erzählte Agnès.

Um Punkt Mitternacht startete das Feuerwerk. Jede einzelne Rakete wurde vom Dorf mit «ahhhh» und «ohhhh» lautstark begleitet. Es war kein großes Feuerwerk, doch umso schöner, weil alle es wertschätzten. Auch viele Kinder hatten noch aufbleiben dürfen und rannten aufgeregt am Ufer des Sees auf und ab. Wir schauten uns das «spectacle», wie Mado und Agnès es nannten, bis zum Ende an. Dann brachen Stef und Michael auf, und auch wir spazierten langsam zu Mados Auto zurück.

Mado hatte im Laufe des Abends einige Cidre getrunken, und ich fragte mich gerade, ob sie noch würde fahren können. Sie selbst ließ allerdings keinen Zweifel daran aufkommen: Der Abend sei lang gewesen und Cidre enthalte nicht viel Alkohol, erklärte sie uns. Oder, ergänzte ich im Stillen: Mado konnte einfach einiges vertragen.

So oder so, wir kamen sicher nach Hause. Es gab ja auch keinen Verkehr: In unserem Dorf Kerjégu begegneten wir weder anderen Autos noch irgendwelchen Fußgängern. Die Engländer waren zurück in England, die Pariser in Paris. Unser gesamtes Dorf war also vollzählig in Mados Auto versammelt.

Es regnet, wie eine Kuh pisst

Wie wir allmählich begannen,
die Franzosen zu verstehen

«Wie lange habt ihr eigentlich gebraucht, um Französisch zu lernen?», fragte ich Becky und Tom an einem Abend, nachdem wir zusammen am Fluss gewesen waren.

Becky überlegte. «Schwer zu sagen. Es gibt immer noch Situationen, in denen wir etwas nicht verstehen. Aber immer seltener. Und wir haben beide die Hemmung verloren, Französisch zu sprechen. Eigentlich war das der größte Schritt. Es gehört jetzt zum Alltag, und der Wechsel zwischen den Sprachen ist ganz normal.»

«Und wie habt ihr es gelernt?», fragte Anton.

«Oh das», sagte Tom und warf Becky einen Blick zu. «Darf ich das erzählen?», fragte er.

«Klar», lachte sie.

Er richtete sich etwas auf und legte los: «Also, bei uns kamen anfangs immer die Zeugen Jehovas vorbei. Sonst verirrt sich ja kein Mensch zufällig hierher, aber die haben spezielle Gruppen, die die ländlichen Gegenden abfahren. Es kamen immer dieselben beiden Leute.»

«Die Sekte?», fragte Anton überrascht.

«Na ja, es waren zwei nette Frauen. Und sie haben gefragt, ob sie reinkommen und mit uns reden können. Ich habe sie gewarnt, dass wir nicht gut Französisch sprechen, aber das hat ihnen nichts ausgemacht. Sie haben zwar das Thema vorgegeben: Gott. Aber wir hatten dank der beiden Damen einen optimalen gratis Französischkurs.»

«Es gab sogar ein Schulbuch», meinte Becky lachend. «Sie haben uns nämlich eine Bibel dagelassen, und wir mussten immer für das nächste Mal einen Abschnitt vorbereiten. So haben wir viele Vokabeln gelernt und uns langsam vorgearbeitet.»

«Hatten die nichts dagegen, dass ihr sie als Französischkurs missbraucht habt?», lachte ich.

«Hm», meinte Tom. «Beim ersten Mal haben sie uns am Ende tatsächlich gefragt, ob sie jetzt gehen dürfen.»

Anton und ich prusteten los.

«Aber sie kamen wieder. Zumindest eine ganze Weile. Es war wirklich praktisch, wir mussten nicht mal irgendwo hinfahren!»

Wir quatschten noch ein bisschen und verabschiedeten uns dann. Es wurde mittlerweile früh dunkel. Auf dem Rückweg fuhr Anton langsam durch die rabenschwarze Nacht. Es waren nur etwa fünfzehn Minuten von Tom und Becky zu uns, und ich hatte Twix ausnahmsweise erlaubt, auf meinem Schoß zu sitzen. Er genoss das genauso wie ich und kuschelte sich an. Ich dachte darüber nach, auf wie viele unterschiedliche Arten die Leute hier Französisch lernten. Bei Stef hatten statt der Zeugen Jehovas die Handwerker, die ihr *Chambres d'hôtes* renovierten, die Lehrerrolle übernommen. Kellie sprach bei ihren Ausstellungen viel mit Franzosen. Dennoch gingen alle einmal pro Woche weiterhin in Julias Französischkurs. Auch ich genoss es, dort alle zu treffen; Julia war eine wirklich gute Lehrerin. Wir lasen den Krimi und nahmen die komplette französische Grammatik durch. Vor allem machte es Spaß!

Während ich in Gedanken versunken war, trat Anton plötzlich auf die Bremse.

«Was ist denn los?», fragte ich etwas erschrocken. Doch im selben Moment sah ich es auch: Mitten auf der Straße saß im Scheinwerferlicht ein winzig kleines Fellknäuel. Selbst von hier aus konnte ich sehen, wie es zitterte. Anton war schon ausgestiegen. Mit Twix auf dem Schoß blieb mir nichts anderes übrig, als erst einmal abzuwarten.

Vorsichtig ging er auf das kleine Tier zu. Es bewegte sich nicht. «Oh nein», dachte ich. «Es ist angefahren worden.»

Im nächsten Moment hatte Anton es hochgehoben. Ohne sich zu wehren, ließ sich das kleine Päckchen ins Auto tragen. Es war ein winziges graues Katzenbaby, mager und mit einem verklebten und entzündeten Auge. Allerdings schien es unverletzt.

Wir drehten die Heizung hoch, und Anton startete das Auto wieder, während sich das Kleine noch immer zitternd in seinem Schoß zusammenrollte. Ihm ging es sichtlich nicht gut. Twix schnüffelte überrascht an unserem neuen Passagier und entschied dann, ihn zu ignorieren. Als dem Kätzchen wärmer wurde, reckte es sein kleines graues Köpfchen neugierig zu uns. Eine grauweiße Marmorierung verlief durch sein Gesicht. Das Näschen war winzig. Und es hatte zarte Schnurrhaare und langes Fell, das über den Ohren abstand, wie bei einem Luchs. Obwohl es in so schlechtem Zustand war, war es verdammt süß!

Als wir auf dem Hof ankamen, brachten wir Twix erstmal ins Haus und stellten fest, dass wir nichts hatten, was wir dem Kätzchen zu essen anbieten konnten. Also wickelten wir es in eine Decke und fuhren noch einmal los. Mittlerweile lief mir schon die Nase, und meine Finger waren angeschwollen. Meine Katzenhaarallergie meldete sich. Doch die musste jetzt ein wenig warten.

«Kellie, Dave, wir sind es!» Ich klopfte an die Haustür, und sofort begannen die Hunde zu bellen. Kurz darauf kamen Kellie und Dave nach draußen.

«Guckt mal, was wir gefunden haben», rief ich.

«Oh, das ist aber noch klein!» Dave wickelte das Katzenbaby vorsichtig aus der Decke. «Vielleicht fünf Wochen. Es ist ein kleiner Kater. Er hat schon Zähnchen – und noch weiche Krallen.»

«Der ist ja niedlich!», rief Kellie aus.

Ich streichelte dem Kleinen über das Köpfchen.

Wir entschieden, dass wir mit dem Kätzchen besser draußen blieben. Falls es krank war, sollte es Kellies und Daves Katzen nicht anstecken. Dave ging ins Haus und kam kurz darauf mit der Box zurück, in der ich Kellies Katzenbabys vor einer Weile hatte schlafen sehen. Es war ein ehemaliger Baby-Laufstall, der mit Kartons ausgestopft war. Darin lagen eine Katzenhöhle, ein paar Spielsachen und im Eck stand eine Tupperware-Dose, die zum Katzenklo umfunktioniert worden war.

«Unser Katzen-Rescue-Center», sagte Dave.

Er lud noch eine Wärmelampe in unser Auto und gab uns spezielles Futter für Katzenbabys mit. Ich erfuhr, dass Katzen keine Kuhmilch vertrugen, wohl aber Ziegenmilch. Diese brauchte der Kleine zum Glück nicht mehr, weil er schon Zähne hatte. Das Futter würde für die Nacht und den nächsten Morgen erstmal reichen. Wir bedankten uns ganz herzlich und verabschiedeten uns. Im Gehen hörte ich noch, wie Kellie zu Dave sagte: «Ich geb den beiden noch ein Jahr, dann haben sie genauso viele Tiere wie wir – alle von irgendwo gerettet.»

Erst jetzt ging mir auf, dass diese Katze auch bei uns bleiben könnte. Ob das mit meiner Allergie überhaupt ginge? Ich schob den Gedanken beiseite, wir hatten Dringenderes zu tun.

Zu Hause angekommen, versorgten wir den Kleinen erst einmal. Argon, der ihn jetzt erst kennenlernte, war hochinteressiert an dem Neuankömmling. So etwas hatte er noch nie gesehen. Sicherheitshalber ließen wir den Kater erst einmal in seinem Rescue-

197

Center. Der Kleine hatte richtig Hunger und haute dementsprechend ordentlich rein. Danach rollte er sich unter der Wärmelampe auf einer Decke zusammen und schlief ein.

«Jetzt haben wir also eine Katze», sagte ich zu Anton.

«Sieht ganz so aus», stimmte er mir zu.

Nach der aufregenden Rettungsaktion sahen Anton und ich uns auf dem Laptop noch eine Serie auf Französisch an. Dabei knüpfte ich gedanklich wieder an unser Thema vom frühen Abend an: Französischlernen. Obwohl wir auf der Straße Französisch redeten, sprach ich mit Anton weiterhin vor allem Englisch, bei der Arbeit und am Telefon mit meiner Mutter und meinem Bruder Deutsch, mit Antons Eltern telefonierten wir auf Niederländisch. Das hatte in meinem Kopf manchmal zu einem riesigen Chaos geführt. In allen Sprachen fehlten mir plötzlich Wörter; sie wollten mir partout nicht mehr einfallen. Statt Französisch zu lernen, hatte ich vielmehr das Gefühl, die anderen Sprachen zu verlieren. Am Anfang hatte ich sogar Angst gehabt, dass ich irgendwann meinen Job nicht mehr würde ausüben können: Schließlich brauchte ich dafür ja ein gewisses Sprachgefühl. Doch dann, völlig unvermittelt, begann das Chaos sich langsam wieder zu lichten. Und ich verstand immer mehr auf Französisch.

Weil sich der Kurs bei Julia nur an Frauen richtete, hatte Anton parallel auch nach einem Kurs für sich recherchiert und war dabei auf eine Internetplattform gestoßen, auf der man Sprachkurse über *Skype* buchen konnte. So lernte er Christophe kennen. Christophe war Franzose, wohnte aber mit seiner Frau in Peru und hatte den Plan, mit dem Französischunterricht Geld anzusparen, um irgendwann im Dschungel auszusteigen und sich dort so weit wie möglich selbst zu versorgen. Einmal am Tag telefonierte er nun eine Stunde lang mit Anton über *Skype* und verbesserte dessen Französisch. Sie sprachen über alles Mögliche: Was sie gerade machten, über Gemüseanbau, Landleben, Politik, Kultur – ausschließlich auf Französisch, notfalls mit Händen und Füßen. Wenn ein Wort fehlte, umschrieb es Christophe, oder Anton übersetzte es schnell mit Hilfe eines Online-Wörterbuchs. So lernte er rasch neue Vokabeln.

Um mein Französisch zusätzlich etwas zu verbessern, nahm ich inzwischen auch einmal pro Woche eine Stunde bei Christophe. Langsam machten wir Fortschritte.

Am stärksten fiel mir das bei den Besuchen bei Agnès auf. Einmal hatte ich ein regelrechtes Schlüsselerlebnis: Wir waren uns auf der Straße vor ihrer alten Mühle begegnet und hatten etwa zehn Minuten lang geplaudert, während wir auf den See geschaut hatten. Weil es zu regnen begann, hatte ich mich dann verabschiedet.

Während ich die Straße zurück zum Hof hochlief, hatte ich plötzlich das vage Gefühl, Agnès jetzt wirklich zu kennen und viel besser einschätzen zu können. Ich überlegte, woher das kommen könnte, und mir wurde klar: Zum ersten Mal hatte ich jedes Wort verstanden, das Agnès zu mir gesagt hatte! Es war gar kein besonderes Gespräch gewesen. Es ging um den Neumond, den beginnenden Regen und um einen Besuch ihrer Familie. Aber ich hatte alles verstanden und wie selbstverständlich auf Französisch geantwortet – ohne lange nach Wörtern zu suchen oder jeden Satz einzeln im Stillen zu übersetzen. Ich schaute auf. Der Regen war jetzt stärker geworden. Ich stand kurz vor der Einfahrt zu unserem Haus, als zwei Spaziergänger auf mich zukamen. Sie gingen schnell, der Regen war ihnen sichtlich unangenehm.

«Il pleut comme vache qui pisse», fluchte der eine im Vorübergehen. Und ich verstand jedes einzelne Wort: Es regnet, wie eine Kuh pisst.

Für mich war es, als hätte sich in diesem Moment eine neue

Welt aufgetan. Ich begann, einfach so, die Franzosen zu verstehen! Auch wenn dieser Fortschritt nicht immer linear aufwärts ging – wenn ich müde oder abgelenkt war, gab es immer wieder auch Situationen, in denen meine Sprachkenntnisse komplett versagten –, lief es jetzt, nach acht Monaten, die wir inzwischen in der Bretagne lebten, eindeutig besser als am Anfang. Und durch die allmählichen Verbesserungen machte mir das Lernen richtig Spaß!

Das größte Hindernis bei meinen Französisch-Fortschritten war das unangenehme Gefühl, aus der eigenen Komfortzone herauszutreten und kommunikativ noch einmal ganz neu anfangen zu müssen. Manchmal stand ich ein wenig hilflos herum, wenn ich in einer Situation spontan Französisch sprechen musste und mich nicht auf das Thema hatte vorbereiten können. Ich bildete mir dann ein, auf die anderen einen leicht debilen Eindruck zu machen, weil ich mich nicht flüssig verständigen konnte. Im Endeffekt erinnerten mich solche Situationen aber nur daran, wie wichtig es war, weiterzulernen. Außerdem halfen sie mir dabei, mich von der Meinung und der Anerkennung anderer Menschen unabhängiger zu machen – und andere ebenfalls weniger zu bewerten. Es lohnt sich also, die Komfortzone zu verlassen! Hier in der Bretagne blieb uns sowieso nichts anderes übrig, als uns aus ihr herauszuwagen, wenn wir uns nicht isolieren wollten.

Unsere Tierärztin erklärte uns am nächsten Tag in gut verständlichem Französisch, dass das Kätzchen bis auf sein Untergewicht und das entzündete Auge gesund sei. Für Letzteres bekamen wir eine Creme. Ersteres würde sich bei dem Appetit des Kleinen schnell von alleine lösen. Weil wir am Empfang einen Namen angeben mussten, nannten wir ihn einfach Peter.

Ich klapperte rund um die Stelle, an der wir Peter gefunden

hatten, die Häuser ab. Doch niemand vermisste ein Katerbaby. Einmal sah ich ganz in der Nähe eine Katze, die ihm ähnlich sah. Vielleicht war das seine Mutter? Sie verschwand tatsächlich in dem Haus, das dem Fundort am nächsten war. Doch als ich dort anklopfte, bestanden die Bewohner darauf, keine Katzen zu besitzen. So blieb Peter erst einmal bei uns. Weil Argon ihn nicht akzeptierte und wegen meiner Allergie, die mich bald zwang, jeden Tag Antihistamin einzunehmen, mussten wir aber einsehen, dass das keine Dauerlösung sein konnte. Als mein ehemaliger Kollege Marc ein paar Wochen später erzählte, dass seine Tante Gundula gern ein Kätzchen hätte, riefen wir sofort dort an. Gundula war vor vielen Jahren nach Frankreich ausgewandert. Sie sprach mittlerweile ein nahezu perfektes Französisch – ich hätte sie am Telefon jedenfalls ohne zu zögern für eine Einheimische gehalten. Als ich sie bewundernd darauf ansprach, erzählte sie mir, dass inzwischen selbst die Franzosen keinen Akzent bei ihr ausmachen konnten – ich war beeindruckt.

Wie es der Zufall wollte, machte Gundulas Haushaltshilfe ein paar Tage nach unserem Telefonat nicht weit entfernt von uns Urlaub. Wir brachten ihr Peter, und sie nahm ihn mit zu Gundula, die sich schnell mit dem kleinen Kater anfreundete. Sie schickt uns regelmäßig Fotos von ihm, und wir wissen, dass er bei ihr ein schönes Zuhause gefunden hat.

Und wir? Wir haben durch Gundula Hoffnung geschöpft, dass auch unser Französisch eines Tages richtig gut sein wird.

Lange Winternächte ohne Strom

*Wie Anton beinahe den niederländischen
König stürzte*

Der Winter näherte sich mit großen Schritten, was wir zuerst daran merkten, dass es schon nachmittags dunkel wurde. Und dunkel hieß *wirklich* dunkel! Nachts war es so finster, dass man buchstäblich nicht die Hand vor Augen sah. In meinem alten Leben hatte es echte Dunkelheit nicht gegeben. In Berlin, München, aber auch in den kleineren Städten, in denen ich gelebt hatte, hatte ich immer Nachbarn in Sichtweite gehabt, die abends ihre Lampen anschalteten oder das flackernde Licht aus ihren Wohnzimmern schickten, wenn drinnen der Fernseher lief. Straßenlaternen, Leuchtreklame, Autoscheinwerfer – hier gab es nichts von alledem.

Ich erinnere mich an einen Abend, als ich schnell noch einmal meine Stiefel anzog, um Holz zu holen, damit der Kamin über Nacht warm blieb. Unser Wohnzimmerlicht hatten wir schon ausgeschaltet, weil wir danach ins Bett gehen wollten. Ich machte ein paar Schritte nach draußen in die Dunkelheit. Außer dem Lichtkegel der Taschenlampe sah ich nichts. «Da könnte jetzt jemand direkt neben mir stehen, und ich würde es nicht bemerken», schoss es mir durch den Kopf. Tatsächlich meinte ich plötzlich, jemanden atmen zu hören. Ich ging schneller, mein Herz klopfte laut. Das konnte nur der Wind sein, versuchte ich mich zu beruhigen. Obwohl mich meine Angst antrieb, schnell den Schuppen mit dem Holz zu finden, ein paar Scheite zu greifen und so rasch wie möglich zurück ins Haus zu laufen, hielt ich an.

«Sei nicht kindisch», sagte ich zu mir selbst. Wer sollte denn hier in dieser einsamen Gegend im Stockdunkeln unterwegs sein? Und dann schaltete ich die Taschenlampe aus.

Zuerst traute ich mich nicht, mich zu rühren. Ich sah absolut nichts. Mein Puls beschleunigte sich.

«Merkwürdig», dachte ich dann. «Wovor habe ich eigentlich Angst?» So unangenehm es war, irgendwie faszinierte mich das Gefühl. Mal ehrlich, wann ist man denn heute noch alleine? So richtig allein? Ich zählte drei Schritte, die ich in die Schwärze der Nacht hineinging. Für einen Moment lang war ich selbst das Einzige, was ich auf diesem Planeten wahrnehmen konnte.

Die Angst kam vor allem daher, dass es ungewohnt war. Weil es um mich herum nichts zu sehen gab und ich mir selbst nach ein paar Atemzügen unbedingt ausweichen musste, sah ich nach oben – in das unglaubliche Sternenzelt, das man nur sieht, wenn die Nacht völlig schwarz ist. Wie viele Sterne es waren! Und die, die ich sah, waren nur ein Bruchteil derer, die es tatsächlich gab. Was da oben wohl alles passierte, von dem ich hier keine Ahnung hatte? Zum ersten Mal in meinem Leben fühlte ich mich einfach nur als kleiner Mensch auf einem kleinen Planeten in einem riesengroßen Universum. Das war aber kein furchteinflößender Gedanke, sondern beruhigte mich.

«Am Ende sind wir alle nur ein Wimpernschlag für die Erde, und das Universum bemerkt uns wahrscheinlich nicht einmal. Warum mache ich mir eigentlich immer so viele Gedanken über alles?», fragte ich mich.

In diesem Augenblick hatte ich meine Angst überwunden. Es machte überhaupt nichts, dass ich nicht alles verstand. Denn ich musste es ja auch gar nicht lenken. Es ging mir nicht darum, meine Verantwortung abzugeben, mir war klar, dass meine Handlungen – so klein und unbedeutend ich auch war – dennoch Auswirkungen hatten. Aber es war ein schönes Gefühl, einmal die Perspektive zurechtzurücken.

Ich blieb noch einen Moment lang stehen und lächelte in die schwarze Nacht. Irgendwo nicht allzu weit entfernt raschelte es im Gebüsch. So ganz allein war ich also doch nicht: Es waren noch mehr Wesen in der Dunkelheit unterwegs. Als ich mit ein paar Holzscheiten im Arm im Licht der Taschenlampe zurück in Richtung Haus ging, fühlte ich mich hier draußen in der dunklen Nacht fast geborgen.

Unser erster Winter war heftig. Das war allerdings keine Überraschung. Denn Becky hatte es uns bereits angekündigt: «Wenn die Zwiebeln viele Außenringe haben, wird der Winter hart.»

Ich hatte sie verwundert angesehen, aber sie hatte es ernst gemeint. Und sie sollte recht behalten – zumindest für bretonische Verhältnisse. Hart meint in der Bretagne nicht kalt, sondern in erster Linie nass. Denn hier fallen die Temperaturen auch im Winter in der Regel nicht unter null Grad – deshalb war unser Frosterlebnis im Frühjahr ja auch so außergewöhnlich gewesen. Aber ab jetzt würden die Tage von Regen bestimmt sein, der in Bindfäden vom Reetdach rann, und vom Sturm, der im Kamin heulte.

Für Anton und mich war nichts mehr im Garten zu tun, und da wir inzwischen unsere Erwerbsarbeit reduziert hatten, hatten wir Zeit. Viel Zeit. Das war neu, und wir wussten zunächst gar nicht so richtig, wie wir damit umgehen sollten. Also schauten wir erstmal unzählige Serien auf dem Laptop, aßen bergeweise Ofenkartoffeln, lasen und tranken Rotwein. Einmal – wir hatten gerade die niederländischen Nachrichten auf dem Laptop angeschaut – meinte Anton unvermittelt: «Irgendwie stört es mich, dass es in Holland noch einen König gibt.»

«Ja», pflichtete ich ihm bei. «Das ist undemokratisch!»

«Und wie peinlich er sich aufführt», sagte Anton. «Mit seinem Hermelinmantel und dem ganzen Pseudogehabe. Und wir Niederländer finanzieren ihm das auch noch, nur weil er in eine bestimmte Familie hineingeboren wurde.»

«Zeitgemäß ist das nicht», meinte ich, obwohl mich das Thema ehrlich gesagt nicht interessierte. Doch Anton fing gerade erst an. «Wie lässt sich das überhaupt mit den Menschenrechten vereinbaren?», fragte er. Er googelte und las vor: «Artikel 1: Alle Menschen sind frei und gleich an Würde und Rechten geboren.»

«Gleiches Recht für alle ist das jedenfalls nicht, wenn einer seinen Beruf automatisch bekommt, weil er in eine bestimmte Familie geboren wurde. Und dazu einen Haufen Geld. Vielleicht solltest du vorschlagen, dass ihr euren König ab sofort immer auf fünf Jahre wählt. Das wäre demokratischer und gerechter: Jeder hätte eine Chance, König zu werden», sagte ich schläfrig und nahm mir ein Buch, um nicht mehr über das niederländische Königshaus reden zu müssen. Bald darauf gingen wir schlafen.

Am nächsten Morgen wachten wir auf und wollten das Licht einschalten. Es funktionierte nicht.

«Wahrscheinlich ist die Sicherung rausgeflogen», meinte Anton. Während er zum Sicherungskasten in der Küche ging, überprüfte ich mein Handy. Obwohl ich es abends zum Laden eingesteckt hatte, war es fast leer.

«Es ist nicht die Sicherung», rief Anton aus der Küche. Über Nacht musste der Sturm irgendwo ein Stromkabel durchtrennt haben, vielleicht war ein Baum daraufgefallen. Wir hatten jedenfalls keinen Strom mehr. Mit Serien würden wir uns die Zeit also erstmal nicht mehr vertreiben können. Also machten wir uns auf, um draußen nach den Hühnern zu sehen und mit den Hunden unsere morgendliche Waldrunde zu gehen. Überall lagen Äste verstreut, die der Sturm von den Bäumen gerissen hatte. Den Hühnern ging es zum Glück gut. Doch dann sahen wir es: Der Sturm hatte eine Eiche in unserem Wald gefällt. Der Baum war nicht auf dem Boden aufgekommen, sondern hatte sich in mehreren benachbarten Bäumen verkeilt und hing nun etwa drei Meter über unseren Köpfen. Als Eigentümer des Waldes hatten wir die Ehre, ihn da irgendwie herauszuholen und sicher auf den Boden zu bringen. Zum ersten Mal holten wir die Kettensäge aus dem Schuppen, die uns mein Bruder Johannes geschenkt hatte. Anton bestand darauf, sofort anzufangen, und setzte einen Sicherheitshelm auf. Er startete die Kettensäge und stellte sich waldarbeitermäßig breitbeinig vor den Baum.

«Die hat richtig Wumms», hatte mein Bruder gesagt, als er uns sein Geschenk überreicht hatte. «Damit macht man auf dem Land bestimmt Eindruck bei den Nachbarn.»

Die Säge lief einen Moment, dann hatte ich Anton mit Zeichen dazu gebracht, sie wieder anzuhalten.

«Wenn du da lossägst, rutscht der Stamm danach von oben aus den Ästen auf uns drauf. Säg lieber da!», deutete ich auf eine Stelle weiter in der Mitte.

«Da geht nicht», sagte Anton. «Da ist der Schwerpunkt nach innen. Wenn ich da halb durch bin, knickt der Stamm zur Mitte ein und die Kettensäge bleibt stecken.» Er hatte recht.

Es stellte sich heraus, dass es richtig schwer war, einen Punkt zu finden, an dem man lossägen konnte. Wir liefen zigmal um den Baum herum und diskutierten. Es war ja nun nicht so, dass einer von uns vorher schon einmal einen Baum gefällt oder auch nur eine Kettensäge gehalten hätte.

«Ihr braucht so was», erklang plötzlich eine Stimme hinter uns. Mado! Wir hatten sie nicht herankommen hören. Wahrscheinlich hatte sie uns schon eine ganze Weile beobachtet. In der Hand hielt sie einen dreieckigen Metallkeil. Vorne lief er spitz zu.

«Ihr sägt hier rein, aber nicht so weit, dass der Stamm nach innen einknickt. Dann haut ihr den Keil mit dem Vorschlaghammer rein. Danach könnt ihr durchsägen. Der Keil hält den Stamm davon ab, nach innen zu knicken. Der Stamm fällt. Danach müsst ihr schnell weg. Denn wenn ihr Glück habt und genau hier sägt, löst sich danach der Rest des Baumes aus der Buche dadrüben, und alles fällt sicher vor euch auf den Boden. Dann könnt ihr es in Ruhe kleinsägen.»

Wir starrten sie an. Sie kreuzte selbstbewusst die Arme, und in ihrem Gesicht breitete sich dieses typische kokette Mado-Lächeln aus, das sie so charmant erscheinen ließ. Den Keil hatte sie an der Stelle abgelegt, wo wir ihn in den Stamm schlagen sollten. Während wir herumdiskutiert hatten, hatte sie einen vollständigen Plan entworfen und uns gleich das richtige Werkzeug dafür gebracht. Ich war beeindruckt!

«Das klingt vernünftig», stimmte Anton zu.

«Wie gut, wenn man Profis kennt», sagte ich und lachte Mado an.

«Und wenn ihr sonst was braucht, wisst ihr ja, wo ihr mich findet», sagte Mado, drehte sich um und ließ uns einfach stehen. Wir sahen ihr verdattert hinterher, wie sie aus unserem Wald stapfte, mit einem großen Schritt über den Bach stieg und über ihre Wiese in Richtung ihres Hauses ging.

«Mado», rief ich ihr noch nach. «Haben Sie auch keinen Strom?»

«Nein», sie drehte sich um. «Ich habe nicht mal Wasser. Ich bin nicht an die öffentliche Wasserversorgung angeschlossen. Eine elektrische Pumpe sorgt dafür, dass ich Wasser im Hahn habe.»

«Ach Gott, warum haben Sie nichts gesagt?», rief ich entsetzt. «Sie können doch von uns Wasser haben!»

«Danke, aber das brauche ich nicht. Ich habe mir Vorräte von Agnès geholt.»

Tatsächlich fiel der Baum genau so, wie Mado es vorausgesagt hatte. Es regnete wie eine Kuh pisst, als er sich aus den anderen Bäumen löste und mit einem lauten Krachen und Knacken gefolgt von einem dumpfen Aufprall vor uns zu Boden ging. Was für eine wunderschöne Eiche! Wenn es der Sturm nicht getan hätte, wir hätten sie niemals gefällt. Überhaupt hat bisher ausnahmslos der Sturm entschieden, welche Bäume weichen mussten. Wir würden es nicht übers Herz bringen, auch nur bei einem von ihnen die Säge anzusetzen. Sie kamen mir wie große freundliche Riesen vor, die sich hier zu einem Plausch versammelt hatten. Weil sie so langsam waren, dauerte das Gespräch nun schon länger, als unser Haus stand, stellte ich mir vor. Die Welt um die borkigen Greise hatte sich verändert, während für sie nur ein paar Stunden vergangen waren – so langsam sprachen sie. Sie erinnerten mich an die Ents in *Der Herr der Ringe*. Ich strich über den rauen, bemoosten Stamm der Eiche. Einen Teil des Stamms würden wir hierlassen. Er würde verrotten und damit den Wald nähren, sodass an dieser Stelle wieder neue Eichen wachsen könnten. Jetzt mussten wir einen Teil unseres Giganten aber fürs Feuer fertig machen. Genau genommen fürs Feuer in zwei Jahren, denn so lang muss Holz mindestens trocknen, bevor man es verfeuern kann. Holz von Bäumen, die im Sommer gefällt wurden, muss dabei länger liegen als Winterholz, weil der Stamm und die Äste im Sommer mehr Flüssigkeit enthalten als im Winter.

Während ich sägte, stand Anton nachdenklich da. Mir machte es Spaß, aber ich hatte auch einen Heidenrespekt! Mein Bruder hatte recht gehabt: Die Säge hatte Wumms. Sie fuhr durch die dicken Stämme wie Butter. Wenn ich nicht aufpasste, würde sie das mit meinem Oberschenkel auch tun, mahnte ich mich und ging gleich noch einen Schritt zurück. Bloß niemals unter der Kettensäge stehen!

Als Anton wieder dran war, sah ich, dass es auch ihm Spaß machte. Er kam in einen regelrechten Rausch, und die Holzklötze fielen rhythmisch in handlichen Stücken vor ihm zu Boden. Seine Haare klebten nass an seinem Hals. Er schien kaum mehr zu bemerken, wie stark es regnete. Er ging richtig im Fällen auf. Irgendwann rief er über den Lärm der aufheulenden Kettensäge: «Ich werde den niederländischen König stürzen!» «Na klar», dachte ich bei mir und wunderte mich ein bisschen, dass ihn das Thema immer noch sehr zu beschäftigen schien.

Im Rathaus konnte uns niemand sagen, wann der Strom wiederkommen würde, als wir dort nachmittags nachfragten. Der Bäcker von Pluméliau wusste dafür ganz genau Bescheid. Im Laden war eine große Gruppe Leute versammelt, die das Thema diskutierte. Der Bäcker telefonierte regelmäßig mit jemandem, der offenbar für die Stromversorgung zuständig war, und informierte uns über die Fortschritte. Der Sturm musste einen größeren Ausfall bewirkt haben, und die kleinen Dörfer wurden nun der Reihe nach wieder an das Stromnetz angeschlossen. Unser Nachbardorf Kerdavid würde kurz vor uns drankommen, allerdings erst in drei Tagen. Bis dahin blieb uns nur übrig, abzuwarten.

Also taten wir das. Wir fuhren an den Strand und gingen spazieren. Weil wir zu Hause nicht telefonieren konnten, luden wir unsere Handys in einem Tabakladen am Meer auf, um unseren Familien und Kunden Bescheid zu geben. Nicht, dass sie uns für verschollen hielten!

«Wie, mindestens drei Tage lang keinen Strom!?», fragten sie entsetzt. «Und was macht ihr jetzt!?»

Anton und ich sahen einander achselzuckend an. Ohne es anzusprechen, stellten wir wieder einmal fest, wie sehr sich unser Leben verändert hatte. Drei Tage ohne Strom hätten Berlin jedenfalls sicher in einen Ausnahmezustand gestürzt. Hier blieben alle ganz entspannt. Und auch wir nahmen es mittlerweile relativ gelassen. Was hätten wir auch anderes tun sollen?

Wir lasen, wenn die Lichtverhältnisse es zuließen, und warteten bei Kerzenlicht darauf, dass es wieder Strom geben würde. Kochen konnten wir auch nicht ohne Strom, also aßen wir überwiegend Brot vom Bäcker, zu dem wir ja ohnehin regelmäßig fuhren, um den neuesten Stand der Entwicklung zu erfahren. Mado sahen wir nicht mehr. Agnès erklärte uns grinsend, dass sie nun ihren Winterschlaf halte.

Und wir begannen, das zugesägte Holz zu spalten. Bei kleineren Holzscheiten ging das mit etwas Anstrengung mit der Axt. Was ich vorher nicht gewusst hatte: Bei größeren hatte man mit der Axt keine Chance. Wir probierten es auf verschiedene Weisen, aber die Axt blieb immer stecken. Hier klappte es mit einer anderen Technik: Mit einem großen Hammer schlugen wir Metallkeile in das Holz, die es spalteten. Am dicken Baumstamm brauchte man dafür pro Holzscheit mehrere Keile. Es war eine verdammt anstrengende Arbeit. Am Ende sollten wir etwa drei Ster Holz gewinnen, also drei Kubikmeter Holzscheite.

«Lohnt sich diese ganze Schufterei überhaupt?» fragte ich mich, während wir muskelkatergeplagt das Holz spalteten. Drei Ster Holz, fertig getrocknet und feuerbereit, kosteten hier auf dem Land etwa 220 Euro – inklusive Lieferung. Hätten wir während der Zeit, die wir spalteten, stattdessen am Computer gearbeitet, hätten wir wahrscheinlich mehr verdient und uns mehr Holz leisten können. Doch ganz davon abgesehen, dass wir ohne Strom ohnehin nicht arbeiten konnten, wollten wir uns genau von diesem Denken endlich verabschieden: Unser Ziel sollte es nicht sein, Gewinne für uns selbst einzufahren, sondern möglichst nachhaltig und naturfreundlich zu leben. Die Tatsache, dass unser Holz aus unserem Dorf kam und nur von Bäumen, die sowieso umgestürzt waren, war mir die zusätzliche Arbeit wert – zumal Anton die dicksten Stämme übernahm.

Nach drei Tagen legte ich versuchsweise einen Lichtschalter um. Und von einem Moment auf den anderen war es wieder hell. Wir befanden uns wieder im 21. Jahrhundert! Die stromlosen Stunden kamen mir rückblickend unglaublich lang vor. Doch so froh ich über Licht und einen funktionierenden Herd war – für einen kurzen Moment bedauerte ich, dass die Zeit, in der wir tatsächlich am Ende der Welt gelandet waren, nun vorbei war.

Und der niederländische König? Antons Aussage im Wald hatte ich für einen Scherz gehalten. Zweifel kamen mir erst, als er mir ein paar Tage später seinen Mailverkehr mit verschiedenen Anwälten und niederländischen Juraprofessoren vorlas. Er hatte ihnen mitgeteilt, sich für die Abschaffung der Monarchie einsetzen zu wollen. Die meisten hatten kurz und freundlich zurückgeschrieben und ihre Skepsis an der Durchführbarkeit einer Absetzung des niederländischen Königs zum Ausdruck gebracht.

Feststand: Anton hatte seine Beschäftigung für den ersten Winter gefunden. Er antwortete seinen neuen Kommunikationspartnern und wies erneut auf die Menschenrechte hin – und fragte, welche Möglichkeiten in der Verfassung vorgesehen waren, die Monarchie abzuschaffen, weil sie den demokratischen Prinzipien widersprach.

Falls also die Niederlande beim Erscheinen dieses Buchs keinen König mehr haben, kann es sein, dass Anton daran zumindest einen kleinen Anteil hatte.

Frühling mit Tieren

Wie unter anderem ein Raubvogel gerettet
und ein Lamm geboren wird

Ein paar Nächte später weckten uns Schreie. Es klang im ersten Moment wie verängstigte Kinder. Es mussten viele sein, was das Ganze noch surrealer machte – Geräusche wie aus einem Albtraum. Die Hunde bellten. Anton und ich warfen uns schnell Bademäntel über und stürmten ins Freie. Draußen hörten wir es klarer. Es waren keine Kinder, sondern Schweine. Sie quiekten in Todesangst. Dazwischen riefen Menschen, und es trappelte auf Metall. Erst langsam wurde uns klar, was gerade passierte.

Die Schweine aus einem der Massentierhaltungsställe in unserer Nähe wurden für den Schlachthof verladen. Die Geräusche kamen vom Hügel hinter unserem Wald und damit von viel weiter weg, als wir vermutet hatten. In der stillen Nacht reiste der Schall weit. Und diese Nacht war besonders still. Keine Eule rief, keine Maus raschelte im Gebüsch, und auch die Hunde waren wieder verstummt. Wir standen frierend in unserem dunklen Wald. Was da vor sich ging, war nicht richtig, aber es war legal. Minutenlang hörten wir schweigend dem Entsetzen der Tiere zu. Es war, als wüssten sie, was mit ihnen passieren sollte, zumindest aber waren sie extrem gestresst von der Verladesituation.

Anton und ich gingen schließlich still zurück ins Haus. Wir legten uns wieder ins Bett, konnten aber lange nicht einschlafen. Es mussten sehr viele Tiere gewesen sein, denn die Schreie verstummten erst über eine Stunde später. Mehrere Lastwagen fuhren ab. Ich fühlte mich hilflos und war gleichzeitig wütend, dass ich nichts getan hatte, um den Tieren zu helfen. Dabei hatte ich mich doch für Tiere engagieren wollen. Wieder einmal war davon wenig zu sehen gewesen! Die Schweine waren jetzt verladen und würden im Schlachthaus mit einem Bolzenschuss betäubt und danach aufgeschlitzt werden, woraufhin sie verbluteten – nur um auf irgendeinem Teller zu landen. Ich hatte Mitleid mit ihnen, war verärgert und enttäuscht von mir selbst und schlief erst frühmorgens ein.

Als ich aufwachte, war ich wie gerädert. Auch Anton war ungewöhnlich still. Er saß schon mit Kopfhörern am Laptop. Ich ließ ihn in Ruhe. Die Hunde rannten nach draußen, und wir gingen schließlich schweigend, jeder mit einem Kaffee in der Hand, unsere Morgenrunde. Anschließend brachte ich Anton zum Flughafen nach Rennes. Er wollte übers Wochenende seine Eltern in Holland besuchen. Ich würde damit zum ersten Mal allein in Kerjégu sein. Zunächst hatte ich mich darauf fast ein wenig gefreut. Ich wollte gerne sehen, wie ich, so ganz auf mich selbst gestellt, mit allem zurechtkommen würde. Außerdem würde ich mir meinen Tag komplett selbst einteilen können. Schon im Auto fühlte es sich aber merkwürdig an, dass wir für die nächsten Tage getrennte Wege gehen würden.

Am Flughafen kam dann der Abschied. Und der fiel mir gar nicht mehr leicht. Nachdem Anton schon versprochen hatte, mich gleich anzurufen, wenn er ankäme, und mir ein schönes Wochenende gewünscht hatte, zog ich ihn noch einmal an mich und küsste ihn.

«Ich werd dich vermissen», sagte auch er leise, während er mich fest umarmte. «Weißt du, dass es über ein Jahr her ist, dass wir auch nur einen Tag lang getrennt gewesen sind?»

Er hatte recht. Jetzt wo mir das bewusst wurde, war es noch schwerer, ihn gehen zu lassen.

«Ist ja nur für zwei Tage», versuchte ich mich zu beruhigen.

In der Schlange bei der Sicherheitskontrolle drehte sich Anton noch einmal um und grinste. Dann zeigte er nach unten. Jetzt musste ich lachen. Er hatte Gummistiefel an. Wir trugen hier im Winter ausschließlich Gummistiefel; mit allen anderen Schuhen würden wir im Matsch versinken. Hier, zwischen all den Business-Leuten in ihren Anzügen und sauberen Lederschuhen, wirkte Anton in seinen dreckverkrusteten Gummistiefeln richtig rührend. Ich konnte leider nicht mehr sehen, was die Flughafen-Security beim Durchleuchten seiner Tasche von den frischen Hühnereiern hielt, die er seinen Eltern mitbringen wollte. Sie ließen ihn jedenfalls passieren.

Ich fuhr allein nach Hause. Nachdem mich die Hunde am Eingang begrüßt hatten, rannten sie nach draußen und sahen sich suchend in der Einfahrt um. Auch sie vermissten Anton. Ich legte Holz im Kamin nach, kochte Kaffee und setzte mich für einen Moment aufs Sofa. Wie still es hier war!

Erst jetzt wurde mir klar, dass sich Anton und meine Beziehung in der Zeit auf dem Land grundlegend verändert hatte. Bis auf Antons Entwickler-Treffen oder frühmorgendliche Surftouren, meinen Französischkurs, das Töpfern und gelegentliche Besuche bei Freundinnen unternahmen wir alles zusammen – rund um die Uhr. Und es fühlte sich gut an, gar nicht zu eng, wie man vielleicht denken könnte. Im Gegenteil achteten wir dadurch, dass wir einander ständig sahen, automatisch viel mehr aufeinander. So bekamen wir sofort mit, wenn der andere gerade nicht gut drauf war, kannten die Ursachen und konnten früher reagieren, sodass unser Zusammenleben jetzt viel konfliktfreier und verständnisvoller war. Wir sprachen mehr miteinander und waren uns einig darin, hier etwas zusammen aufbauen zu wollen. Wir zogen an einem Strang. Und über den gleichen Tagesablauf waren wir noch weiter zusammengewachsen. Mit der Hektik und dem Stress aus unserem alten Alltag war auch die Sehnsucht weggefallen, noch mal auszubrechen oder eine andere Art von Aufregung zu suchen, um sich wieder stärker selbst zu fühlen. Im Gegenteil hatte ich im Moment gar kein Bedürfnis, auf mich selbst geworfen zu sein: Anton fehlte mir!

Das war also meine erste Erfahrung allein auf dem Hof. Doch lange blieb ich nicht allein. Ich hatte gerade begonnen, den Hühnerstall sauber zu machen, als die Hunde bellend zurück zum Haus stürzten. Ich lief hinterher, um zu sehen, was los war. In unserer Einfahrt stand ein Mann. Er war etwas älter als ich.

«Bonjour!», rief er mir entgegen. Er hielt etwas in den Händen. Als ich näher kam, erkannte ich erstaunt, dass es ein Raubvogel war.

«Ich habe diesen Vogel gefunden», sagte der Mann.

«Wow!», sagte ich bewundernd.

Der Vogel war wunderschön: grau-braun-weiß gemustert mit gelben Augen, gelben Füßen und einem gelben Schnabel.

Der Mann sah mich offen und freundlich an.

«Er lag auf der Straße nach Pontivy. Er ist verletzt und kann nicht fliegen – wahrscheinlich ein Zusammenstoß mit einem Auto. Ich habe ihn eingefangen. Wir hatten ihn über Nacht bei uns zu Hause – im Wohnzimmer. Können Sie ihn vielleicht aufnehmen?»

«Ja, klar», antwortete ich, ohne zu zögern.

Dann dachte ich: «Wie kommt dieser Mann, den ich noch nie gesehen hatte, gerade auf mich? Die Straße nach Pontivy ist ein ganzes Stück weit entfernt.»

Doch ich schob den Gedanken beiseite, denn jetzt musste erstmal der Vogel versorgt werden. Ich bin kein Vogelexperte, aber es sah für mich nicht so aus, als hätte er Schmerzen. Zumindest saß er ruhig da und betrachtete mich entspannt. Er war fast zahm und ließ sich ohne Gegenwehr in die Hand nehmen. Vielleicht, befürchtete ich angesichts seiner Friedfertigkeit und Ruhe, hatte er nicht nur am Flügel, sondern auch am Kopf einen Schaden davongetragen? So zahm verhielt sich doch kein Wildvogel! Vielleicht war das aber auch nur der Schock. Mir fiel auf, wie leicht er war.

Es war Sonntag. Hier auf dem Land würde ich so schnell keinen Tierarzt für den Vogel finden. Weil ich keine Ahnung hatte, wohin ich mit ihm sollte, sperrte ich erstmal einen Teil des Hühnergeheges ab und setzte ihn hinein. Erst später sollte ich erfahren, dass das gefährlich war, denn das Gehege war mit Maschendraht eingefasst. Hätte der Raubvogel nicht so unter Schock gestanden, hätte er sich daran verletzen können. Doch er saß nur da, während die Hühner auf der anderen Seite des Geheges einen auf dicke Hose machten. Sie plusterten sich auf, stellten ihre Kopffedern hoch wie kleine Punks und gackerten aufgeregt herum, während sie den Raubvogel nicht aus den Augen ließen. Unter anderen Umständen wäre er eventuell als natürlicher Feind in Frage gekommen. So saß er einfach nur da und schien sich von den aufgeregten Hühnern nicht weiter beeindrucken zu lassen.

Ich brachte ihm Wasser und trank dann mit dem Mann noch einen Kaffee. Nun war ich aber doch neugierig und fragte ihn, wie er auf die Idee gekommen sei, den Vogel ausgerechnet zu uns zu bringen.

Der Mann erklärte mir: «Ich habe gestern ein Foto des Vogels auf *Facebook* gepostet und um Hilfe gebeten. Und da hat mir ein Bekannter empfohlen, ihn zu euch zu bringen, weil ihr ein ASPAS-Schutzgebiet habt.»

Wir waren zwar keine Wildtierauffangstation, sondern lediglich als Schutzgebiet ausgewiesen, aber wir bemühten uns ja auch um Wildtiere, sodass das schon Sinn ergab. Wieder einmal wunderte ich mich, dass uns hier so viele Menschen kannten, die wir selbst noch nie zuvor gesehen hatten. Wir mussten unbedingt dahinterkommen, wie diese Art der Kommunikation funktionierte, damit wir nicht nur Informationen waren, sondern auch an Informationen kommen konnten. Doch die verzweigten Wege der ländlichen Kommunikationsstrukturen haben wir uns bis heute nicht vollständig erschlossen. Vielleicht muss man hier geboren sein, um sie von Grund auf zu durchdringen.

Nachdem sich der Mann verabschiedet hatte, googelte ich und fand heraus, dass es sich bei dem Vogel um einen Sperber handelte, die laut *Wikipedia* besonders sensibel sind. Ich rief Kellie an.

«Ich habe gerade einen Vogel bekommen», erzählte ich ihr. «Es ist ein Sperber. Er ist verletzt. Den Tierarzt erreiche ich nicht.»

«Dave hat mal eine Eule gepflegt. Ich frage ihn, was man da machen kann.»

Wenig später schickte sie eine WhatsApp: «Sie fressen Mäuse.»

Mäuse? Wo um alles in der Welt sollte ich jetzt Mäuse herbekommen?

In dem Moment passierte etwas völlig Unwahrscheinliches: Vor unserer Haustür lief die wilde Katze vorbei, die im Garten von Julien und Giselle lebte – mit einer Maus im Maul. Fast panisch rannte ich in die Küche und holte aus dem Schubfach das Katzenfutter, mit dem ich seit Wochen erfolglos versuchte, die Katze anzulocken, um sie zumindest kastrieren zu lassen. Unkastriert würde sie im Frühjahr bis zu sechs Kittens bekommen, von denen die Weibchen nur sieben Monate später ebenfalls jeweils bis zu sechs neue Kätzchen werfen könnten. Schon im nächsten Herbst konnten es also über zwanzig Katzen sein – die sich weiter vermehren würden, falls sie genug Futter fanden. Eine so große

Anzahl würde nicht nur den Vogelbestand in unserem Wildtier-schutzgebiet gefährden, sondern irgendwann auch bei der Nahrungssuche an Grenzen stoßen. Ich kannte die Bilder ausgemergelter Katzen mit triefenden Augen von den ländlichen Regionen in Süddeutschland. Meine Tante hatte bei Ravensburg auf dem Land eine Katzenstiftung gegründet, die Bauernhofkatzen kastrierte, um das Tierleid zu verhindern – oder es zumindest nicht noch schlimmer zu machen. Von Nick wussten wir, dass es hier noch vor einigen Jahren ähnlich ausgesehen hatte. Das Problem war gelöst worden, indem man vermeintlich wilde Katzen erschossen hat. Sie frühzeitig kastrieren zu lassen, erschien mir da eindeutig die bessere Lösung.

Jetzt musste ich der Katze aber erstmal die Maus abluchsen. Ich griff mir das Katzenfutter und lief damit unsere Einfahrt hoch, wo ich sie gerade in den Nachbargarten verschwinden sah. Meine Idee war es, das Futter gegen die Maus einzutauschen.

In dem Moment kam ein weißer Van unsere Einfahrt hoch. Im Van saß Dave. Er muss ziemlich neugierig auf den Sperber gewesen sein, wenn er so schnell vorbeikam, um ihn sich anzusehen. Er lachte, als ich ihm von meiner Tauschidee erzählte.

«Das funktioniert nicht. Ich habe eine bessere Idee.»

Ich kippte das Katzenfutter an der Ecke aus, damit es sich die Katze noch holen konnte, und ging hinter Daves Van her zurück zum Haus.

Dave betrachtete den Sperber. Er saß noch immer an exakt derselben Stelle, an der ich ihn abgesetzt hatte. Dann gab er mir einen Flyer: «Volée de Piafs, Centre de sauvegarde de la faune sauvage» stand darauf.

«Eine Wildtierauffangstation, nur dreißig Minuten von hier entfernt», sagte er.

Ich wählte die Nummer, doch niemand hob ab. Also entschieden wir uns, einfach hinzufahren. Wir setzten den Vogel in einen Umzugskarton, in dem er sich nicht verletzen konnte. Dave wendete den Van, und wir fuhren los. Der Vogel tappte ein wenig im Karton herum, wenn wir um eine Kurve fuhren. Ansonsten saß er still.

Nachdem lange Zeit nur noch Felder und Wälder am Fenster vorbeigezogen waren, kamen wir schließlich an. *Volée de Piafs* ist die größte Auffangstation der Bretagne. In diesem Jahr waren hier bereits mehr als tausend Wildtiere aufgenommen worden, hatte ich auf ihrer *Facebook*-Seite gelesen. Dazu gehörten Rehe, Dachse und Füchse ebenso wie verschiedene Raubvögel, Schwäne, Enten und sogar Igel, Eichhörnchen und Marder. Gerade erst war ein *grand corbeau*, ein Kolkrabe, abgegeben worden, las ich. Das ist ein besonders seltener Rabe mit einem großen geschwungenen Schnabel. Wenn ein Tier wieder gesund war, durfte es zurück in die Freiheit.

Die Station bestand aus einer großen Halle und mehreren Außengehegen und -volieren. Dazwischen liefen ein paar Haustiere frei herum: Gänse und Hühner. Zum Glück standen Autos in der Einfahrt, es waren also Leute da. Wir waren nicht umsonst hergekommen.

Dave half mir mit dem Sperber aus dem Auto, und wir gingen auf die große Halle zu. Ein gepflegter Mann Anfang sechzig stand hinter einem überdachten Schreibtisch. Ich erkannte ihn wieder, sein Foto war auf der Webseite. Es war der Gründer von *Volée de Piafs*. Wir stellten uns vor und zeigten ihm den Karton. Er nahm ihn und verschwand damit in der Halle. Nach etwa fünf Minuten kam er ohne den Sperber wieder zurück. Wir füllten noch ein Formular aus. Ich war froh, den Vogel untergebracht zu haben, aber mir tat es ein wenig leid, nun gar nicht zu erfahren, wie es mit ihm weiterging.

«Wie viele Tiere haben Sie denn?», fragte ich.

«Momentan 316», antwortete der Mann.

Er nahm das Papier entgegen und prüfte es. Ich wartete und entdeckte ein Plakat hinter ihm: «Ehrenamtliche Helfer gesucht!» Mir fiel das Ereignis von letzter Nacht ein. Wäre das hier nicht etwas, wenn ich mich wirklich für Tiere engagieren wollte?

«Ist das noch aktuell?», fragte ich schnell und deutete auf das Plakat.

Dave sah mich an. Auf Englisch sagte er: «Da werden wahrscheinlich vor allem Reinigungsarbeiten anfallen.»

Ich fühlte mich ein wenig ertappt, denn vor meinem inneren Auge hatte ich mich schon im Frühjahr kleine Rehkitze füttern sehen. Natürlich wäre es aber sicher nicht förderlich, wenn ständig fremde Menschen zu den Tieren kämen. Ja, wahrscheinlich würde ich hier eher Käfige reinigen. Aber auch das würde den Wildtieren zugute kommen. Und ich könnte sehen, wie die Arbeit hier ablief.

«Ja, absolut aktuell», sagte der Mann.

«Ich spreche nur leider noch nicht so gut Französisch», meinte ich sicherheitshalber.

«Ach, dein Französisch reicht aus!», lachte er.

Wir besprachen noch, wann ich das erste Mal kommen sollte, und dann machten Dave und ich uns wieder auf den Rückweg. Ich freute mich, Anton davon heute Abend am Telefon zu erzählen, wenn er in Holland angekommen war.

Ein paar Tage später parkte ich unser kleines Auto vor der Halle und freute mich auf meinen ersten komplett französischen Arbeitstag. Ich hatte mir vorgenommen, komme was wolle, kein Wort Englisch zu sprechen. Wenn ich erst einmal damit anfinge, würde es sich einbürgern, dass die Leute hier Englisch mit mir sprachen. Ich wollte ja aber mein Französisch verbessern – und neben seinem guten Zweck würde dieser Job dafür die perfekte Gelegenheit sein.

Es war kurz vor zwei. Unter dem Vordach vor der Halle saßen acht Leute. Die Jüngste war etwa Anfang zwanzig, die Älteste schätzungsweise fünfzig Jahre alt. Zwei der Männer hatten lange Bärte. Sie hätten genauso gut in einem Café im Friedrichshain sitzen können: lässig gekleidet und absichtlich das bisschen abgeratzt, das es brauchte, um nicht allzu hip zu wirken.

«Hallo, ich bin Regine, die neue Ehrenamtliche», sagte ich. Sie begrüßten mich, einer von ihnen brachte mir einen Kaffee aus einer Thermoskanne, und wir quatschten los.

Ich erzählte von meiner Arbeit, unserem neuen ASPAS-Gebiet und erfuhr, dass *Volée de Piafs* nicht nur eine Wildtierauffangstation ist, sondern auch ein Schutzgebiet, in dem nicht gejagt werden darf. Sofort hatte ich das Gefühl, hier richtig zu sein.

Später wurde ich Arthur zugeteilt, der Philosophie studierte und sich in einer französischen Tierrechtsorganisation engagierte. Während wir Futterbehälter spülten, erzählte ich ihm von dem nächtlichen Schweinetransport. Wie sich herausstellte, war Arthur Veganer und konnte unser Entsetzen gut nachvollziehen.

«Auch die Arbeit hier war für mich deshalb erstmal eine moralische Herausforderung», sagte er. Ich wunderte mich über seine Aussage, doch dann zeigte er mir in der Halle einen riesigen Kühlschrank. Und jetzt verstand ich, was er meinte: Der Kühlschrank war bis obenhin voll mit toten Küken. Es mussten Tausende sein.

«Allein die Füchse bekommen sechsundfünfzig am Tag. Dein Sperber übrigens drei», erklärte er. Ich hatte mich eingangs gleich nach dem Sperber erkundigt, sodass Arthur Bescheid wusste. Es ging ihm besser, aber er sollte sich noch ein paar Tage erholen. Sein Flügel war zum Glück nicht gebrochen. Ob er geistig wieder voll fit werden würde, musste sich noch zeigen.

Unsere nächste Aufgabe war es nun, das Futter für die Wildtiere vorzubereiten: eine Menge Fisch und besagte Küken. Zunächst schnitten der Veganer und ich den Fisch in kleine Happen; ein Großteil davon war für die Seemöwen bestimmt. Anschließend kam der blanke Horror. Ich hätte niemals gedacht, dass ich den folgenden Satz einmal über mich würde sagen müssen: Ich habe Küken mit der Hand Haut und Federn abgezogen und ihnen danach mit einer Bastelschere die Köpfe abgeschnitten – sie waren unter anderem das Futter für die Eulenbabys. Freilich, die Küken waren bereits tot. Sie stammten aus Industriebetrieben und waren vergast worden, weil sie als Hähne später keine Eier legen würden. Äußere Wunden hatten sie keine, nur ihre Augen waren gerötet. So sah das also aus. Für die Industriebetriebe waren die Küken Müll. Einige tausend dieser Küken brachte der Gründer der Wildtierauffangstation jede Woche hierher, um sie an die Wildtiere zu verfüttern. Während ich meine schreckliche Arbeit vollzog, erinnerte ich mich immer wieder daran, dass diese Küken nicht für diesen Zweck hier gestorben waren. Sie wären so oder so getötet worden.

«Wenn man darüber nachdenkt, was man hier eigentlich tut, muss man würgen», sagte mein Kollege gerade und untermalte es mit Gesten, um sicherzustellen, dass ich ihn verstand.

Ich brachte nur ein «Ja» hervor.

Während der zweiten Hälfte unseres Arbeitstages schwiegen wir viel. Ich mochte Arthur, aber mir fiel nach diesem Erlebnis einfach nicht mehr viel zu sagen ein. Die Küken hatten noch ganz zarten Flaum. Wahrscheinlich hatten sie nur wenige Tage gelebt.

Gegen 18 Uhr verabschiedete sich mein Kollege und fuhr mit dem Fahrrad auf einen acht Kilometer entfernten Campingplatz, der zur Wildtierauffangstation gehörte und auf dem die Freiwilligenarbeiter übernachten durften. Er blieb noch ein paar Monate.

Nachdenklich machte ich mich auf den Nachhauseweg. Zwar hatte ich mich endlich wirklich für Tiere eingesetzt – doch gleichzeitig war ich auch an einigen von ihnen schuldig geworden. Ich würde etwas Zeit brauchen, um darüber nachzudenken.

Am folgenden Tag bekam ich das erste Mal eine leise Ahnung vom Frühling. Bald war es ein Jahr her, dass wir in der Bretagne angekommen waren. Die Zeit war so schnell vergangen. Und gleichzeitig hatten wir so viel Neues erlebt!

«Und dieser Ort hatte eine besondere Bedeutung für unseren Anfang», dachte ich, als ich an den bellenden Hunden vorbei auf Julias Haus zuging. Das Truthahnpaar saß gurrend auf einem Fensterbrett und beobachtete jeden meiner Schritte. Sie verdrehten dabei ihre Hälse, um mir noch möglichst lange nachzuschauen. Ich musste grinsen. Sie erinnerten mich immer an die beiden Alten aus der *Muppet Show*.

«Hier bin ich!», rief mir Julia aus dem Garten zu. Es war Dienstag, und wir trafen uns mit der Gruppe zum Französischkurs. Julia lehnte unter dem Kirschbaum über den Gartenzaun. «Hol dir einen Kaffee und komm dir das anschauen!»

Ich prüfte, dass keine Katzen in der Nähe waren, schlüpfte durch die Tür in den Salon und kam kurz darauf mit einer Tasse Kaffee wieder heraus.

Hinter dem Vorgarten, in dem Lavendel und Salbei wuchsen, begannen die Weideflächen. In die Umzäunung um den Kirschbaum konnte man problemlos hineingehen. Hier lebten auf einem großen Stück Land Hühner, Truthähne, Gänse, Enten und ein paar Baby-Ziegen mit ihren Müttern. Julia schaute in die Umzäunung dahinter. Dort grasten die Schafe. Und jetzt sah ich es auch. Ein schwarzes Lämmchen hüpfte um die kleine Gruppe herum. Es bewegte sich noch ein wenig staksig, forderte aber seine Mutter schon zum Spielen auf. Der Schafbock beobachtete es skeptisch, doch die Mutter blieb entspannt.

«Es ist heute Morgen geboren worden», sagte Julia, nachdem sie mich begrüßt hatte.

«Das andere Schaf müsste auch bald sein Lamm bekommen.» Sie deutete auf ein Tier, das etwas abseits lag.

«Das ist ja goldig!», meinte ich. «Hast du es auf die Welt gebracht?»

«Das machen die Schafmütter selbst. Ich musste erst ein einziges Mal helfen. Da hab ich vorsichtig gezogen. Die Mütter wissen aber in der Regel, was zu tun ist, und kommen alleine zurecht.»

«Wow!»

«Ja, bei meinen Ziegen ist das anders. Da hatte eine Ziegenmutter einmal Schwierigkeiten mit Zwillingen. Ein Ziegenbaby ist sofort gestorben, das andere war total geschwächt. Wir hatten damals gerade Französischkurs. Kellie hat das andere Zicklein mitgenommen.»

Das war typisch für sie. Julia fuhr fort: «Ich hab Kellie gesagt, dass sie nur traurig sein wird, wenn es das Zicklein nicht schafft. Aber sie wollte es unbedingt versuchen und hat das Kleine bei sich im Wohnzimmer aufgezogen. Ich habe ihr dann regelmäßig Ziegenmilch gebracht. Zum Glück hat das Kleine überlebt.»

Jetzt kannte ich also auch die Geschichte der kleinen Ziege, die ich bei meinem ersten Besuch auf der Wendeltreppe in Kellies Wohnzimmer gesehen hatte!

Wir beobachteten weiter die junge Schaffamilie, bis Becky, Kellie und Stef ankamen. Dann gingen wir ins Haus, um mit dem Französisch loszulegen. Wir wiederholten gerade den Subjonctif, eine französische Grammatikform, die im Deutschen am ehesten noch dem Konjunktiv ähnelt. Julia hatte die Regeln und ein paar Aufgaben vorbereitet. Während wir sie bearbeiteten, war es still im Zimmer. Man hörte nur das Knistern des Feuers im Ofen.

«Ich gehe jetzt doch noch mal nach den Schafen schauen», sagte Julia nach einer Weile leise und stand auf. Sie schloss die Haustür hinter sich – und kam schon ein paar Sekunden später zurück.

«Das zweite Lamm ist da!», rief sie aufgeregt.

Sofort sprangen wir von den Stühlen und rannten nach draußen. Das neue Lämmchen musste gerade erst vor ein paar Minuten geboren worden sein. Seine Mutter leckte es ab. Es stand bereits, wenn auch noch recht unsicher.

Eine friedliche Stimmung lag über der Weide. Der Schafsbock graste mit der anderen Mutter etwas abseits, die neue Mutter und ihr Baby wirkten zufrieden und selbstvergessen. Mir wurde richtig warm ums Herz. Ich sah die jungen Ziegen auf der Weide nebenan spielen. Die Gänse, wie sie gackernd mit ihrem Nachwuchs herumliefen. Und ich dachte an die kleinen Küken, die Julia unter einer Wärmelampe in einem Extragehege aufzog, bis sie groß genug waren, um nach draußen zu kommen. Selbst der Falke, der unter dem Fenster in einem Mauervorsprung nistete, hatte mittlerweile Junge bekommen. Da wurde mir plötzlich klar, dass es das war, was «Frühling» eigentlich bedeutete: ein Erwachen der Natur, ein Neuanfang, beginnendes Leben. Es war, so schien es mir, der erste Frühling, den ich wirklich wahrnahm.

Als ich nach Hause fuhr, sah ich es ganz genau: Die Bäume schlugen aus, überall sprossen die Blütenknospen, das Gras wuchs wieder. Ich fuhr unsere Einfahrt hoch und hielt das Auto an. Twix und Argon begrüßten mich. Auf Mados Grundstück hörte ich den Rasenmäher. Das Gras um den See auf Mados Land war stoppelkurz. Kein Wunder, sie mähte es in letzter Zeit jeden Tag. Immer dann, wenn sie Agnès besuchte, holte sie den Rasenmäher aus dem Schuppen. Wenig später sah ich sie darauf aufgestützt um den See gehen. An der alten Mühle angekommen, stoppte das Knattern, und sie verschwand bei Agnès im Haus. Einige Zeit später kam sie auf der anderen Seeseite mit dem Rasenmäher zurück. Wenn sie mich sah, winkte sie und rief kurz über den Motorenlärm hinweg, wie viel wieder zu mähen sei, man käme ja gar nicht hinterher.

Es dauerte eine ganze Weile, bis mir klarwurde, dass Mados plötzliche Mähfreude gar nichts mit einem ungewöhnlich schnell wachsenden Gras zu tun hatte, sondern damit, dass sie weitere Strecken nicht mehr mühelos bewältigen konnte. Also funktionierte sie den Rasenmäher kurzerhand zum Rollator um und konnte damit geschickt verbergen, dass sie nicht mehr ganz so gut zu Fuß war.

Trotzdem sah man sie immer bei der Arbeit: Sie pflegte den Garten, versorgte die Tiere oder kehrte die Einfahrt. Sie verstand sich als jemand, der dafür verantwortlich war, alles in Schuss zu halten. Anton und ich hatten ihr schon oft Hilfe angeboten. Doch sie hatte jedes Mal abgewinkt: «Ich kann das alles selbst. Ich bin doch keine alte Frau!» Ihr da zu widersprechen, hätten wir niemals gewagt.

Mir ging auf, wie selten ich in Berlin alte Menschen wie Mado gesehen hatte – schon gar nicht beim Arbeiten. Wenn überhaupt, haben sie in Cafés oder Restaurants gesessen, oft allein. Sie haben dann immer ein bisschen einsam auf mich gewirkt, als ob sie nichts zu tun gehabt hätten, nicht gebraucht werden würden. Ob sie wohl noch eine Aufgabe hatten oder zu einer Gemeinschaft gehörten? Ich weiß es nicht. Ich habe mich das früher nie gefragt und nie Kontakt mit auch nur einem von ihnen gehabt.

Mado hingegen hatte immer etwas zu tun – und bekam oft Besuch von Freunden, Verwandten oder Spaziergängern, die bei ihr für ein Schwätzchen haltmachten. Sie war ein vollwertiger Teil der Gemeinschaft und wurde immer respektvoll behandelt. Niemand belächelte sie, wie es bei alten Menschen in der Stadt vorkommt, wenn sie sich zum Beispiel in der U-Bahn nicht zurechtfinden.

Und auch für Mado selbst war es wahrscheinlich leichter, hier ihren Alltag allein zu bestreiten: Ihr Umfeld hatte sich in den letzten Jahren nicht verändert. Hier kannte sie sich aus, hier konnte sie alles auf ihre Art erledigen, während sich die Städte ständig wandelten.

Auch vor diesem Hintergrund fände ich es schöner, auf dem Land alt zu werden als in einer Großstadt.

Elf Auswanderer, eine Insel
und das weite Meer

Wie man fast ohne Geld seinen Urlaub genießt

«Houat», wiederholte Becky. «So ähnlich gesprochen wie ‹what› auf Englisch.»

«Ist das dann neben ‹how› und ‹why›?», alberte Anton. Er war inzwischen längst aus Holland zurück.

«Die Insel liegt vor Quiberon», antwortete Becky. «Houat ist auch das bretonische Wort für Ente. Keine Ahnung, warum sie die Insel so genannt haben. Es gibt einen Campingplatz, aber der wird noch nicht offiziell geöffnet sein. Er liegt aber wunderschön direkt über einem weißen Sandstrand. Man hat einen traumhaften Blick über die Bucht.» Sie holte ihr Handy heraus und googelte Bilder von Houat.

«Das ist ja der Wahnsinn!», rief ich aus. Schneeweiße Strände, türkisfarbenes Meer und raue Klippen. Es sah karibisch aus, nur felsiger! Dazwischen ein kleines bretonisches Dorf mit niedrigen Häusern, blauen Fensterläden und Stockrosen in den Vorgärten. Märchenhaft und malerisch. Ich war sofort überzeugt. «Und wie kommen wir dahin?»

«Von Quiberon aus geht zweimal am Tag eine Fähre.»

«Von Quiberon?», fragte Anton verwundert. «Das ist ja nur etwa eine Stunde entfernt!»

«Welcome to your holiday!» Tom lachte.

Schnell war es beschlossene Sache: Im Sommer würden wir zusammen Urlaub auf Houat machen. Es kamen noch fünf weitere

Freunde von Tom und Becky mit: Adrian und seine Tochter Eva, Finola und Kevin und ihre Tochter Ailish. Alles Engländer, die in der Bretagne wohnten. Anton und ich hatten mittlerweile auch einige Franzosen näher kennengelernt, aber es hatte sich ergeben, dass wir trotzdem viel mit den englischen Auswanderern unternahmen. Wir hatten das Gefühl, ihnen schneller näher zu kommen, vielleicht, weil auch sie hier hatten neu anfangen müssen und mit ähnlichen Erfahrungen, Zielen und Lebensvorstellungen wie wir hierhergekommen waren. Uns war zwar beiden sehr wichtig, uns zu integrieren, andererseits wollten wir aber auch nicht zu sehr hinterfragen, dass wir viel Zeit mit anderen Auswanderern verbrachten. Schließlich wollten wir unsere Freunde nicht nach ihrer Nationalität aussuchen.

Für unsere Reise legten wir ein verlängertes Wochenende im Juni fest. In Berlin hatten wir oft das Gefühl gehabt, dringend rauszumüssen. Ich hatte manchmal richtig Fernweh gehabt. In der Bretagne fiel das weg. Es war auch zu Hause schön, man konnte viel unternehmen, hatte Platz um sich herum, und auch Ruhe und Erholung mussten wir nicht lange suchen. Drei Tage Urlaub würden also reichen.

Es traf sich auch deshalb gut, dass wir uns nicht nach langen Urlauben und Fernreisen sehnten, weil wir ohnehin nicht das Geld dafür gehabt hätten; schließlich hatten wir unsere Arbeitszeit und damit unseren Verdienst reduziert. Der Kurztrip nach Houat würde unser Budget nicht allzu sehr strapazieren: Mit dem Auto war es eine Stunde nach Quiberon. Die Überfahrt kostete pro Person rund fünfzehn Euro; vom Hafen gingen wir zu Fuß zum Campingplatz. Die Übernachtung lag bei fünf Euro pro Zelt und Nacht. Die Duschen waren nicht geöffnet, denn obwohl wir im Juni reisen wollten, hatte auf den Inseln die Hauptsaison noch nicht begonnen. Die Sommerferien der Franzosen starteten erst in der zweiten Juliwoche. Vorher würde auf den kleinen Inseln voraussichtlich nicht viel los sein. Duschen brauchten wir aber ja nicht unbedingt: Wir hatten schließlich das Meer vor der Tür. Toiletten gab es. Essen würden wir aus unseren Gärten reichlich mitnehmen können und abends am Strand grillen. Für drei Tage könnten wir zu zweit mit Fahrtkosten und Übernachtung auf unter hundert Euro kommen. Dazu käme nur noch etwas Taschengeld. Diese Art Urlaub passte perfekt zu unserem neuen Lebensstil!

So füllten wir Anfang Juni den Futterkanister der Hühner, sodass er für eine Woche gereicht hätte, installierten zur Sicherheit noch eine zweite Tränke und baten Nick, ab und zu nach den Hühnern zu schauen. Drei Tage konnten wir sie locker alleine lassen. Wir packten unsere paar Sachen, das Zelt und die Hunde ins Auto und verabschiedeten uns von Mado.

«In drei Tagen sind wir wieder da», sagte Anton.

«Dann sind wir gleichzeitig weg», meinte Mado. Wir sahen sie überrascht an.

«Ich muss mich operieren lassen. Keine Sorge, nur eine Kleinigkeit. Ist nichts Schlimmes. Ich bin mit euch wieder zurück!»

Weil wir sahen, dass es ihr unangenehm war, darüber zu sprechen, fragten wir nicht näher nach und fuhren los.

Auf der Autobahn zogen Felder und Wälder an uns vorbei – die bretonische Landschaft, in der wir jetzt zu Hause waren. Ich fand es immer noch wunderschön, meinen Blick darüberschweifen zu lassen. Es war so zauberhaft grün! Die Bretagne ist übrigens die einzige Gegend Frankreichs, in der man auf der Autobahn keine Maut bezahlen muss. Das hatten die Bretonen vor vielen Jahren lautstark durchgesetzt.

Nach einer knappen Dreiviertelstunde wurde die Landschaft maritimer. Die Steinhäuser in den Dörfern waren jetzt weiß verputzt, die Fensterläden bestanden aus Holzlamellen. Traditionell strichen die Bretonen sie mit übrig gebliebener Bootsfarbe. Weil die Boote meist blau waren, sind die blauen Fensterläden inzwischen typisch für die bretonischen Gegenden in Meernähe. Bald gab es keine Wälder mehr, sondern Wiesen, die schließlich sandigerem Boden wichen, auf dem allenfalls Kiefern wuchsen.

Quiberon ist ein quirliger Fischerort. Das Leben spielt sich rund um den Hafen ab. Es gibt mehrere Fischrestaurants, Cafés und viele Geschäfte, in denen man Surfkleidung und blau-weiß gestreifte Segelpullover kaufen kann. Außerdem reihen sich Touristenläden mit Postkarten und aufblasbaren Badetieren aneinander; auch die typischen, mit Triskelen verzierten Tassen, Teller und Schmuckstücke fehlen nicht. Die Triskele ist das wichtigste Symbol der Bretagne: drei Spiralen, die in der Mitte miteinander verbunden sind.

Woher die Triskele kommt, lässt sich schwer sagen. Schon in der Jungsteinzeit haben Menschen sie in Stein gehauen. Mehrere Völker verwenden sie, darunter viele keltisch beeinflusste Länder. Ihre Bedeutung hat gleich mehrere Ebenen. Auf der persönlichen symbolisieren die drei Spiralen den Kreislauf von Geburt, Leben und Tod: Auf den Tod folgt die Geburt, dann das Leben, daraufhin wieder der Tod usw. Auf einer abstrakteren Ebene stehen die drei Spiralen für Vergangenheit, Gegenwart und Zukunft, die alle in einem Punkt zusammentreffen oder auseinander hervorgehen. In spirituellerem Zusammenhang versinnbildlichen sie den Dreiklang von Körper, Geist und Seele. Christen sehen die Triskele hingegen als Zeichen für die Dreifaltigkeit. Für mich persönlich symbolisiert sie das harmonische Zusammenleben von Mensch, Tier und Pflanze. So oder so: Kein Bretagne-Urlaub ist denkbar, ohne dass man irgendwo der Triskele begegnet – und so war es auch in Quiberon.

Anders als bei uns in Kerjégu oder Pluméliau war hier einiges los. Menschen standen an Eisläden Schlange, saßen in den Cafés und lagen am Strand – und das war noch nichts gegenüber den vielen Touristen, die hier Mitte Juli Urlaub machen würden. Wir suchten ziemlich lange nach einem Parkplatz und machten uns dann durch das bunte Treiben zu Fuß auf den Weg zur Fähre. Als sie schließlich mit uns ablegte, war es, als ob wir in eine andere Welt eintauchten. Der Wind wehte, und das offene Meer lag vor uns.

«Mit viel Glück kann man hier ab und zu sogar Delfine sehen», sagte Tom. Ich genoss die salzige Seeluft und die Sonne, die sich auf dem Meer spiegelte. Die Menschen um uns herum waren alle gut gelaunt. Interessanterweise waren es kaum Touristen, die zur Insel aufbrachen, sondern viele Einheimische, wie sich unschwer am Gepäck erkennen ließ: Ein Paar verschiffte eine komplette *Ikea*-Küche, jemand kaufte scheinbar für ein Restaurant ein – es hatte ewig gedauert, bis alle Weinkisten in der Mitte der Fähre verstaut waren. Viele hatten auch gar kein Gepäck bei sich, sondern kamen ganz offensichtlich von der Schule oder der Arbeit auf dem Festland nach Hause.

Wir saßen zwischen den Weinkisten und schauten auf das Meer, bis nach etwa einer Stunde die Insel am Horizont auftauchte. Dann standen wir auf und lehnten uns an die Reling. Otto hatte schon mehrere Urlaube auf Houat verbracht und kannte sich aus.

«Da vorne beim Leuchtturm ist der Hafen. Wir laufen dann einmal über die Insel. Auf der anderen Seite ist die Bucht mit dem Campingplatz. Das da oben ist das Fischerdorf Saint Gildas. Es ist winzig. In der Mitte gibt es einen Baum. Wenn es heiß ist, treffen sich dort alle und stellen sich in den Schatten.»

«Wie, *einen* Baum? Es gibt nur einen Baum auf der Insel?», fragte Anton ungläubig.

«Ja. Ihr werdet brutzelbraun werden.»

Die Fähre drehte kurz vor einem hübschen Leuchtturm und fuhr in einen winzigen Hafen ein. Wir legten an. An Land warteten schon Menschen auf ihre Gäste vom Festland. Leute begrüßten sich und gingen zusammen weg. Nach etwa fünf Minuten war es weitgehend leer. Auf der Insel besitzen drei der insgesamt 243 Einwohner ein Auto. Eines davon ist ein Van. Die Frau, der er gehört, unterhält einen kleinen Taxi-Service und fuhr jetzt die Kinder und unser Gepäck zum Campingplatz. Wir gingen zu Fuß. Die Insel war mit ihren knapp drei Kilometern wirklich klein und der Campingplatz nicht allzu weit entfernt.

Es war warm. Richtig heiß. Wir gingen an den niedrigen weißen Steinhäusern mit den blauen Fensterläden vorbei, die wir auf den Bildern im Internet gesehen hatten. In den liebevoll gepflegten Vorgärten blühten tatsächlich die rosa Stockrosen, die mir schon auf den Fotos aufgefallen waren. Wir entdeckten den Baum in der Mitte. Seine Äste ragten knorrig und zerzaust in alle Richtungen. Man sah auf den ersten Blick, dass er sich schon gegen viele Stürme hatte stemmen müssen. Seine «Frisur» erinnerte mich ein wenig an Arthur Schopenhauer.

Als wir aus dem Ort herauskamen, wurde der Boden sandiger. Hier konnten nur noch niedrige Gräser und Distelsträucher gedeihen. Ein Kaninchen hob den Kopf aus einem Busch, erschrak wohl vor unseren Hunden und verschwand sofort wieder. Dabei waren die Hunde viel zu aufgeregt, um es auch nur zu bemerken.

Als wir am Ende des Wegs ankamen, bot sich uns ein atemberaubender Ausblick auf das Meer: Der Campingplatz war eine inmitten von Sandlandschaft angelegte Wiese. Sie reichte bis auf eine Felsklippe, die direkt über dem weißen Sandstrand endete. Ein enger, sandiger Pfad wand sich zum Strand hinunter. Dort ankerten ein paar Boote. Ansonsten war der Strand absolut leer.

«So ist das immer, bevor im Juli die Touristen ankommen», sagte Becky. «Das ist der Vorteil, wenn man in der Gegend wohnt und schnell mal herkann. Schön, was?»

Ich war völlig hin und weg und starrte immer wieder aufs Meer. Es wirkte, als zelteten wir im Himmel. Der Horizont hing unter Augenhöhe. Dort ging das Meer in Himmelblau über.

Wir bauten die Zelte im Kreis auf, zogen uns um und rannten sofort ins Wasser. Es war noch ein bisschen kalt, aber wenn man sich erstmal etwas daran gewöhnt hatte, war es herrlich. Wir schwammen an Fischschwärmen und ein paar Quallen vorbei und warfen uns anschließend in den warmen Sand. Die Kinder spielten mit den Hunden.

«Und solch ein Ort ist nur eine Stunde von zu Hause entfernt», staunte Anton. Tatsächlich trug das enorm zur Entspannung bei. Obwohl wir uns hier in einer völlig anderen Welt befanden, hatten wir dafür nicht erst ewig im Auto sitzen, keine Schlangen in Flughafengates überwinden oder in vollen Zügen stehen müssen. Wir waren einfach eine Stunde durch schöne Landschaft gefahren, und unser Urlaub hatte gefühlt schon auf der Fähre begonnen. Ich erinnerte mich an unser altes Leben und unsere Fernreisen zurück: Damals hatten wir oft das Gefühl gehabt, die ersten Tage des Urlaubs zu brauchen, um uns von der langen und strapaziösen Anfahrt zu erholen. Nach dem Urlaub war man dann von der Rückfahrt schon wieder erschöpft. Trotzdem wollte jeder weit weg. Mir wäre es nie eingefallen, direkt vor den Toren Berlins Urlaub zu machen. Obwohl es auch dort sehr schöne Ecken gibt!

Wir planten die nächsten Tage rein gar nichts. Denn viel zu besichtigen gab es auf der Insel ohnehin nicht. Und es war zu heiß, um sich viel zu bewegen. Stattdessen lebten wir einfach zusammen in den Tag hinein. Abends grillten wir, was wir aus unseren Gärten mitgebracht hatten, und lagen am Strand. Danach spielten wir Fußball oder sahen mit einem Wein in der Hand dabei zu, wie die Sonne langsam hinter dem Meer versank. Bis es dunkel war, blieben wir am Strand und kehrten erst dann zu den Zelten zurück, wo wir Kerzen anzündeten. Wir redeten viel über das, was wir machten und warum.

«Ich fahre den Schulbus», erzählte Adrian am ersten Abend. «Ihr könnt ja mal mitkommen, wenn ihr Lust habt, früh aufzustehen. Ich hasse das eigentlich, aber man gewöhnt sich mit der Zeit dran. Na ja, nicht wirklich, wenn ich ehrlich bin, aber ich mag den Job. So habe ich mit Kindern zu tun. Letztens hat einer von den Jungs Marihuana im Bus vergessen. Am nächsten Tag habe ich eine Durchsage gemacht: ‹Danke an den netten Spender. Ich habe mir gestern einen schönen Abend gemacht. Keine Macht den Drogen!›»

Wir lachten. Nach einer Weile fuhr er fort, während Tom noch Wein nachschenkte:

«Das Schulbusfahren lohnt sich finanziell null. Aber es ist ja wichtig, dass die Kids, die hier so abgelegen wohnen, in die Schule kommen. Danach gebe ich Englischunterricht. Ich fahre zu verschiedenen Instituten oder habe Kunden, die in unserem *Chambres d'hôtes* wohnen. Direkt an der St-Gildas-Kirche, die bekannte, die unter den Felsen gebaut ist. Ist nur zehn Minuten von euch.»

Adrian war unheimlich offen und herzlich. Ein Typ, mit dem sich jeder gut versteht. Während er erzählte, konnte man im Hintergrund das Geräusch der heranrollenden Wellen hören.

«Das Schöne an dem Leben hier ist, dass jeder machen kann, was er für richtig hält. In der Stadt lebt man häufig in einer Blase, mit Menschen, die gleich alt sind, einen ähnlichen sozialen Hintergrund haben, in ähnlichen Branchen tätig sind usw. Das baut den Druck auf, vor diesen Menschen immer als besonders erfolgreich dazustehen. So empfinde ich es jedenfalls. Man überlegt dann häufig gar nicht, was man selbst eigentlich möchte, sondern wetteifert nur mit anderen.»

Ich musste grinsen, als ich Adrian zuhörte. Bevor wir in die Bretagne gezogen waren, hatte ich das gängige Vorurteil genau umgekehrt gekannt: In der Stadt könne man tun und lassen, was man wolle, weil alles anonymer sei. Auf dem Land würde man hingegen von seinen Nachbarn dauerüberwacht und ständig an konservative Wertmaßstäbe erinnert. Adrian jetzt das Landleben als toleranter anpreisen zu hören, fand ich interessant. Dabei deckte sich das mit unseren Erfahrungen – vielleicht auch deshalb, weil wir in die traditionell eher links und offen eingestellte Bretagne gezogen waren. Und auf jeden Fall hatten wir verdammtes Glück mit den Menschen gehabt, die hier um uns herum wohnten!

«Nicht, dass ihr mich falsch versteht», ergänzte Adrian. «Ich finde es gut, wenn man ehrgeizig ist. Aber man sollte selbst festlegen, welche Ziele man verfolgt. Alles andere macht unglücklich.»

«Ist aber auch leichter gesagt als getan», wandte Becky ein. «Im Endeffekt wollen wir ja nur erfolgreich sein, weil wir uns nach Anerkennung sehnen. Viele kaufen sich deshalb ein großes Auto: weil es aussagt, dass man erfolgreich ist – zumindest finanziell erfolgreich.»

«Warum brauchen wir eigentlich immer Anerkennung von anderen?», fragte ich. «Es wäre doch einfacher, wenn man sich die von sich selbst holen könnte. Indem man sich nur an seinen eigenen Zielen misst: So, das habe ich richtig gut gemacht. Fertig!»

«Man könnte sich ja aber irren. Man sieht sich schließlich nicht von außen. Deshalb brauchen wir die anderen. Außerdem gehen viele von uns mit sich selbst nicht so liebevoll um, wie Freunde es mit uns tun. Da gibt's ja diesen Test», sagte Anton.

«Welchen Test?», fragte Tom.

«Stell dir vor, dass ein guter Freund bei der Arbeit Mist gebaut hat. Er hat ein Meeting vergessen und kriegt jetzt richtig Ärger von seinem Chef. Danach kommt er zu dir. Was würdest du zu ihm sagen?»

«Hm», machte Tom. «Ich versuch ihn aufzubauen: Das kann jedem mal passieren. Ist deinem Chef bestimmt auch schon passiert. In einem Monat erinnert sich kein Mensch mehr daran. Nimm dir das doch nicht so zu Herzen.»

«So, und jetzt stell dir vor, dass du selbst bei der Arbeit Mist gebaut hast. Du hast ein Meeting vergessen und kriegst jetzt richtig Ärger von deinem Chef. Was denkst du danach?»

Kurz war es still.

«Na ja», meinte Tom dann. «Wahrscheinlich wäre ich mit mir selbst tatsächlich weniger nachsichtig.»

«Laut dem Test ist das die Regel. Wir gehen mit uns selbst viel harscher und fordernder um. Und wir verzeihen uns weniger als anderen, gestehen uns weniger Fehler zu. Deshalb brauchen wir die Anerkennung von anderen, und es fällt uns schwer, sie aus uns selbst heraus zu entwickeln.»

«Und als soziale Wesen wollen wir natürlich auch von der Gruppe akzeptiert werden. Das zeigt sich eben durch Anerkennung», fiel mir ein. «Schon Kinder bewerten wir ja ständig: ‹Das hast du gut gemacht.› ‹Das war nicht gut.› Unter ‹gut› verstehen wir in diesem Zusammenhang, wenn man vergleichsweise gute Leistungen bringt, gut in der Gesellschaft funktioniert. Nicht unbedingt, wenn man seinen eigenen Zielen folgt und sein Ding durchzieht. Das macht es später nicht unbedingt einfacher!»

Wir redeten noch eine ganze Weile weiter, während wir in die Sterne und aufs Meer unter uns guckten. Die Wellen rauschten jetzt lauter als tagsüber. Irgendwann verschwand jeder in seinem

Zelt. Anton und ich schliefen mit einem wohligen Gefühl ein: Es fühlte sich alles richtig an.

Gleich am ersten Morgen fand Argon heraus, wie man den Reißverschluss einer Zelttür öffnet. Während wir weiterschliefen, schlich er sich in jedes einzelne Zelt unserer Freunde und weckte alle auf. Glücklicherweise nahmen es alle mit Humor – sogar, als es sich an den Folgetagen wiederholte.

Wer zuerst aufstand, ging zur Bäckerei im Ort und kam mit frischen Croissants zurück. Nach dem Frühstück gingen wir an den Strand oder eine Runde auf der Insel spazieren. Als es heiß wurde, trafen wir uns alle unter Schopenhauer. So vergingen die Tage, obwohl die Zeit stillzustehen schien.

«Ich war noch nie so erholt», sagte ich auf der Rückfahrt zu Anton. Wir standen mit unseren beiden Hunden auf der Fähre und sahen zu, wie der Leuchtturm von Houat langsam kleiner wurde. Wind wehte mir die Haare ins Gesicht. Sie waren von der Sonne ausgeblichen und schmeckten nach Salz. Wie Otto vorausgesagt hatte, waren wir alle in den wenigen Tagen sehr braun geworden. Normalerweise schütze ich mich vor der Sonne, aber bei so wenig Schatten auf der Insel hatte es sich nicht vermeiden lassen. Es fühlte sich an, als wären wir drei Tage von morgens bis abends nur draußen gewesen. Und so war es ja auch. Obwohl keiner von uns geduscht hatte, sahen alle frisch und erholt aus.

Als wir uns in Quiberon verabschiedeten, hatte sich etwas verändert. Die Zeit auf der Insel war so intensiv gewesen, dass Becky, Tom, Mia und Otto zu mehr als Freunden geworden waren: Sie waren Familie. Wir drückten uns alle noch mal.

«What happens on the island, stays on the island», sagte Becky zum Abschied scherzend. «Nicht, dass du ein Inselkapitel in deinem neuen Buch einfügst!»

«Mal gucken», zwinkerte ich ihr zu. Ich freute mich jetzt erst einmal darauf, die Hühner wiederzusehen.

Eine Stunde später standen wir wieder in unserem Garten, umringt von unseren Federtierchen, die uns gackernd begrüßten.

Houat wirkte rückblickend wie ein wunderschöner Traum. Ein Traum, den wir sicher nicht zum letzten Mal geträumt hatten.

Das kleine Paradies

Wie alles ein Kreislauf ist

Am nächsten Tag fiel uns bei der Morgenrunde auf, dass Mado nirgends zu sehen war. Normalerweise stand sie meist im Garten oder war beim Esel Gazelle, den Hühnern oder den Gänsen, wenn wir aufbrachen.

«Vielleicht besucht sie Agnès», meinte Anton. Doch auch später sahen wir sie nicht. Abends achteten wir darauf, ob Licht in ihrem Haus brannte. Es blieb dunkel. Wir nahmen uns vor, am nächsten Morgen bei Agnès vorbeizuschauen, um nachzufragen. Gegen zehn trafen wir sie vor der alten Mühle.

«Die Operation ist gut gelaufen», beruhigte sie uns. «Aber Mado konnte danach nichts essen. Deshalb hat ihre Tochter Laurette sie zur Sicherheit noch einmal ins Krankenhaus gefahren. Sie haben sie dort behalten. Ich denke, sie wird schnell wieder gesund.»

Wir machten uns keine Sorgen mehr. Mado war ja wirklich fit für ihr Alter. So schnell würde sie nichts aus der Bahn werfen.

Später trafen wir Laurette, die mit fahrigen Bewegungen die Tiere fütterte. Sie wirkte aufgewühlt.

«Hallo, Laurette!», begrüßten wir sie. «Ist alles in Ordnung? Gibt es Neuigkeiten von Mado?»

«Bei Mado wurde Krebs entdeckt», brach es aus ihr hervor.

«Krebs?», fragte ich. Ich konnte es nicht fassen.

«Sie muss jetzt eine Chemotherapie machen. Zwischen den Behandlungen wird sie wahrscheinlich sehr müde sein. Deshalb

wird sie bei mir in Pluméliau wohnen, damit ich sie pflegen kann.»
Auf einmal klang alles ernst. Und es passte nicht zusammen. Wir
kannten Mado nicht als jemanden, der gepflegt werden musste.
Im Gegenteil! Sie war es doch, die sich immer um alles und alle
kümmerte!

«Das ist ja schrecklich!», brachte Anton tonlos hervor.

Ich sah ihn an und bemerkte an seinem Gesicht, dass ihm im
selben Moment wie mir klarwurde, dass wir Laurette mit unserer
Reaktion in ihrer Sorge bestärkten. Dabei hätten wir sie doch
eigentlich beruhigen sollen.

«Wo ist sie denn jetzt im Krankenhaus?», fragte ich.

«In Pontivy. Das Krankenhaus dort hat einen guten Ruf.»

«Sie wird bestimmt wieder gesund!», versuchte ich optimistisch
zu sein, aber ich war selbst noch zu überrascht von der Nachricht,
als dass es wirklich überzeugend geklungen hätte.

«Ja, ich hoffe, sie wird schnell wieder gesund», sagte Laurette.
In ihrer Stimme schwang Angst mit.

Wir fragten, ob wir die Tiere versorgen sollten, bis Mado zurückkommen
würde, damit Laurette nicht jeden Tag extra nach
Kerjégu fahren musste. Doch das wollte sie nicht.

«Für mich ist es gut, wenn ich diese Routine habe. Und hier
bin ich einen Moment lang weg von allem. Es ist so schön ruhig
hier», sagte sie.

In den nächsten Wochen vermissten wir den Ruf von Mados
Trompete. Wir vermissten unsere kleinen Plaudereien über das
Wetter und die Gemüseernte, vor allem aber ihre liebevoll-verschmitzte
Art, die Dinge zu betrachten und leichtzunehmen.
Mado fehlte. Unser Dorf wartete merkwürdig still darauf, wie
es weitergehen würde. Wobei man kaum mehr von einem Dorf
sprechen konnte: Anton und ich lebten hier momentan allein mit

Agnès. Wir besuchten sie regelmäßig, um Neuigkeiten über Mado zu erfahren und ihr die Möglichkeit zum Reden zu geben. Mado und sie hatten ihr ganzes Leben zusammen verbracht. Für sie musste der Schock gewaltig sein!

Aus den Wochen wurden Monate. Mado kam nicht zurück. Agnès erzählte uns, dass sie sehr müde sei und sich erst einmal erholen müsse, bevor sie wieder allein würde leben können. Das klang vernünftig. Und bei Laurette war sie ja gut versorgt. Wir fragten, ob wir sie besuchen könnten, doch ich hatte das Gefühl, dass Agnès auswich. Wahrscheinlich war Mado zu müde für Besuch. Die Chemotherapie war sicher sehr anstrengend.

Anfang September fuhren dann plötzlich mehrere Autos in Mados Einfahrt. Unsere Hunde bellten wie verrückt. Mehr als ein Auto auf einmal war in Kerjégu absoluter Ausnahmezustand. Ich kam gerade aus dem Garten und rief die Hunde schnell zurück. Wenn Mado jetzt nach Hause käme, könnte sie Hundegebell sicher überhaupt nicht gebrauchen. Wahrscheinlich war ihre Familie bei ihr. Wir wollten sie nicht stören. Sie würde in ihre Trompete blasen, wenn sie bereit für Besuch war, da waren wir uns sicher. Also brachten wir nur eine Schüssel mit Gemüse aus unserem Garten hinüber zu Mados Haus. Ich drückte sie einer jungen Frau vor der Haustür in die Hand, die mir erklärte, dass Mado tatsächlich zurück, aber immer noch sehr müde sei.

Am nächsten Tag traf Anton Laurette beim Bäcker. Sie war blass.

«Ich bin gestern bei Mado eingezogen», sagte sie. «Sie konnte die Chemotherapie nicht länger aushalten und hat sie deshalb abgebrochen. Sie wollte einfach nur nach Hause. Wir wohnen jetzt zusammen bei ihr. Sie wird sterben.»

Wahrscheinlich hätten wir längst alarmiert sein sollen, aber wir wollten es nicht wahrhaben. Trotz ihrer zweiundachtzig Jahre steckte Mado so voller Energie, Witz und Lebensfreude.

Nachmittags besuchten wir Agnès. Wir tranken Bier und sagten nicht viel.

«Dass es so schnell geht …», wiederholte Agnès immer wieder. Wir wussten genau, was sie meinte.

«Könnte es nicht doch noch sein, dass sie wieder gesund wird?», traute ich mich schließlich zu fragen.

«Das wäre ein Wunder», antwortete Agnès, ohne den Blick zu heben. «Aber wir sollten an Wunder glauben.»

Am nächsten Tag kauften wir einen großen Strauß Lilien, wie an dem Tag, als wir Mado zum ersten Mal gesehen hatten. Damit gingen wir unter den alten Eichen ihre Einfahrt hinunter. Wir kamen an den Steinen vorbei, die wir damals für einen makabren keltischen Friedhof im Garten gehalten hatten. Mittlerweile wussten wir, dass Mados Mann Steine behauen und seine Lieblingsstücke in den Garten gestellt hatte. Auch seinen eigenen Grabstein hatte er selbst hergestellt. Als er verstarb, begruben ihn Mado und Agnès oben auf dem höchsten Hügel ihres Gartens.

Als wir am Haus ankamen, liefen Agnès und Laurette schon auf uns zu.

Sie begrüßten uns mit Küsschen links und rechts.

«Ihr könnt Mado gleich sehen», sagte Laurette dann. «Aber bereitet euch darauf vor, dass meine Mutter nicht mehr so aussieht wie früher.»

Wir setzten uns in die Küche und warteten. Es war penibel aufgeräumt. Nur ein paar ordentlich gestapelte Handtücher lagen auf einem Stuhl. Plötzlich wusste ich nicht, was ich zu Mado sagen sollte. Was kann man auch zu jemandem sagen, der sterben wird? Ich wurde immer nervöser.

Laurette verabschiedete eine Krankenschwester, die aus dem Wohnzimmer kam.

«Kommt rein», sagte sie dann zu uns. Laurette hatte das Krankenbett ins Wohnzimmer verlegt. Es hatte mit seinen großen Glastüren die schönste Aussicht im ganzen Haus. Man blickte über die Wiese zum See. Dahinter stand die alte Mühle, in der Agnès wohnte.

Laurette hatte recht gehabt. Mado hatte sich in eine uralte, kranke Frau verwandelt. Sie saß im hochgestellten Bett und war mit einer Decke zugedeckt. Doch unter der Decke zeichnete sich kaum mehr ein Körper ab, so dünn war sie geworden. Die Haut an ihren Händen wirkte zart, fast durchsichtig, man konnte die Form der Knochen darunter erahnen. Mado hatte durch die Chemotherapie viele Haare verloren. Nur ihre Augen strahlten noch wie früher. Sie schien sich über unseren Besuch zu freuen.

«Bonjour, wo habt ihr denn eure Hunde gelassen?», fragte sie sofort. Wir mussten über ihre Frage lachen. Sie nahm uns mit ihrer offenen, unkomplizierten Art selbst jetzt noch die Nervosität.

«Die sind zu Hause. Wie geht's?», fragte Anton.

«Ich bin noch sehr müde, aber nächstes Jahr tanzen wir wieder auf dem Volksfest, ja?», sagte sie mit einem Lächeln zu ihm. «Nehmt ihr O-Saft?»

Ich sah sie an. Etwas in ihrem Gesicht verriet mir, dass sie selbst nicht glaubte, was sie da sagte. Doch wenn es ihr damit leichter fiel, würden wir natürlich mitmachen. Wir erzählten Laurette, wie Mado beim letzten Volksfest mit Anton getanzt hatte. Mado lachte dabei, wir tranken O-Saft und knabberten die Nüsse, die sie uns immer wieder anbot. Als wir uns verabschiedeten, sagte sie:

«Jetzt bin ich endlich wieder in meinem kleinen Paradies.»

Im Garten gingen die Gänse am See spazieren. Dahinter graste Gazelle vor der alten Mühle.

Mado starb an einem Samstag im September, einen Tag vor Herbstanfang. In unserem Wohnzimmer stapelten sich schon die frisch geernteten Kürbisse, und wir hatten gerade die ersten Kastanien gesammelt. Als Laurette und ihr Mann bei uns vor der Tür standen, wussten wir, was passiert war, bevor sie ein Wort sagten. Wir liefen in Socken nach draußen. Der Wind wehte das erste Laub von den Bäumen, während sie uns erzählten, dass Mado abends ganz ruhig eingeschlafen war. Gegen zehn war Laurette noch einmal ins Esszimmer gegangen, um nach ihr zu sehen. Mado hatte nicht mehr geatmet. Sie hat wohl keine Schmerzen gehabt.

Zwei Tage später fuhren wir mit Mados Familie in einem Autokorso zur Kirche von Melrand, wo eine Zeremonie für sie stattfand. Mehr als fünfhundert Leute waren gekommen, um sich von Mado zu verabschieden. Eine Freundin von Laurette erzählte mir, dass so große Beerdigungen in der Bretagne nicht selten seien, wenn jemand – wie Mado – sein ganzes Leben hier verbracht hatte und besonders beliebt gewesen war. Der Bürgermeister von Pluméliau war ebenso gekommen wie der Bäcker, Obelix und mehrere Jugendliche. Nachrichten verbreiteten sich hier wirklich unglaublich schnell – schöne ebenso wie traurige.

Die alte graue Steinkirche wirkte mit ihren holzgeschnitzten Aposteln in bretonisch kleiner Körpergröße beruhigend und tröstend. Es gibt hier keine Figuren, die mit erhobenem Zeigefinger auf die Besucher heruntersehen. Wie auf dem Volksfest hatten die Kirchenlieder keltische Melodien. Das gab ihnen einen tragischen, aber auch erhabenen Klang. Vielleicht lag es an Filmen wie *Der Herr der Ringe*, aber für mich hörten sich diese Lieder immer naturnah und weise an. Außer uns schien jeder die Texte zu kennen.

Der Pfarrer erzählte aus Mados Leben, und mir wurde klar, dass er Mado gekannt haben musste. Das machte die Zeremonie noch einmal persönlicher. Wahrscheinlich konnte jeder in der Kirche auf Erlebnisse mit Mado zurückblicken. Bei einigen waren sie vielleicht schon mehrere Jahrzehnte her, andere – wie wir – dachten an das letzte Jahr. So traurig die Zeremonie war, fand ich es schön, dass so viele Menschen gemeinsam an Mado dachten. Das hätte ihr bestimmt gefallen.

Nach der Kirche fuhren wir Mados Leichnam wieder im Autokorso mit ihrer Familie zurück nach Hause. Wir begruben sie im kleineren Kreis auf dem Hügel in ihrem Garten – dort, wo auch ihr Mann begraben lag. Als Mados Sarg in die Erde gelassen wurde, dachte ich, dass Mado und unser Dorf Kerjégu jetzt ein und dasselbe waren. Aus dieser Erde wuchsen unsere Bäume und unsere Nahrung. Die Triskele aus Geburt, Leben und Tod hatte eine weitere Runde gedreht. Und Mado würde für immer ein Teil ihres kleinen Paradieses bleiben.

Nachwort

Warum wir leben, wie wir leben

Ein Buch zu schreiben und aus dem Hamsterrad regulärer Brotarbeit in der Stadt auszusteigen, hat viel gemeinsam. Wer Autor werden will, braucht keinen teuren Computer, keine speziellen Füller oder trendigen Schreibhefte, und es hilft auch nichts, erstmal zehn Jahre lang in einem anderen Job zu arbeiten, um später «weniger finanziellen Druck» zu haben. Wer wirklich ein Buch schreiben will, braucht fast nichts dafür. Er muss es nur tun.

Genauso ist es beim Aussteigen. Seit wir in der Bretagne wohnen und uns dort so weit wie möglich selbst versorgen, haben mir viele Leute erzählt, dass sie einen ähnlichen Traum haben, zunächst aber in ihrem bisherigen Job in der Stadt weiterarbeiten wollen, um Geld zu sparen. Sicher kann ein finanzielles Polster den Start in ein neues Leben erleichtern. Wenn das aber dazu führt, den Traum immer weiter aufzuschieben, finde ich das paradox: Man spart dafür, mit weniger leben zu können. Dabei braucht man weniger, um mit weniger leben zu können. Wer wirklich auswandern will, um sich selbst zu versorgen, wird wahrscheinlich feststellen, dass er die Mittel dafür schon hat. Denn Hauspreise und Mieten sind auf dem Land meist niedriger als in der Stadt. Wer aussteigen will, muss den Schritt nur gehen.

Das Problem: In unserer Gesellschaft sind wir von klein auf darauf gedrillt worden, die Quantität vor die Qualität zu stellen: Wir wollen möglichst viel Geld verdienen, Karriere machen, in ein möglichst großes Haus ziehen und möglichst viel für die Rente sparen. Es geht immer ums Mehr, und es ist nie genug – mit dem Nebeneffekt, dass viele Menschen ihren Alltag als Hamsterrad empfinden. Seien wir ehrlich: Die meisten macht das nicht glücklich. Wer sich zu sehr auf das Ansammeln konzentriert, verpasst leicht den Moment, das Leben zu führen, das er eigentlich führen wollte.

Wie wäre es, wenn wir uns stattdessen fragen würden, was wir eigentlich erreichen wollen? Und dann im nächsten Schritt ganz konkret überlegen, was wir dafür brauchen? So gäbe es kein Fass ohne Boden mehr, das wir endlos befüllen, ohne dass es jemals voll sein wird. Sondern wir hätten plötzlich ein messbares Ziel vor Augen, eines, das wir eher erreichen können.

Die Lebensqualität wieder vor die Quantität zu stellen, hört sich deshalb für mich zielorientiert und richtig an. Trotzdem hatte ich auf unserem Weg oft das Gefühl, dass manche diese Haltung unvernünftig fanden. Wahrscheinlich, weil sie ihren Fokus auf das Risiko legen: Wer immer mehr sammelt, hat natürlich mehr Puffer, falls er oder sie in eine Notsituation kommt. Schließlich weiß keiner, was in Zukunft passiert. Doch dass man für diesen Zukunftspuffer einen sehr hohen Preis in der Gegenwart bezahlt, sehen viele nicht.

Wer ein anderes Leben einschlägt als die meisten anderen, wird außerdem noch weitere Risiken eingehen müssen. Man muss seine Komfortzone verlassen: Wer aussteigt, bringt sich in eine Situation, in der er sich nicht mehr wie gewohnt an Bekanntem und Bekannten orientieren kann. Gleichzeitig birgt das aber auch die Freiheit, den eigenen Weg zu gehen. Natürlich macht man dabei auch Fehler oder scheitert sogar. Das ist riskant. Aber wechseln wir einmal die Perspektive: Ist es nicht auch ein Risiko, auf diese Freiheit zu verzichten?

Für Anton und mich besteht diese Freiheit darin, ein Leben

zu führen, das anderen Menschen, unserer Umwelt und den Tieren möglichst wenig schadet und möglichst viel hilft. Ohne Frage: Am Anfang unseres neuen Lebens in der Bretagne haben wir auch Fehler gemacht, zum Beispiel als wir das Gemüse zu früh ins Freibeet gesetzt und viele Pflanzen durch den Frost verloren haben. Es gab zahlreiche Missverständnisse aufgrund unserer mangelnden Französischkenntnisse. Und wir machen immer noch viele Fehler. Aber es klappt immer besser: Wir bauen unser Essen so weit wie möglich selbst an – keine Anfahrtswege, keine Verpackungen, keinen tierischen Dünger, abgesehen vom Kompost, in den auch die Ausscheidungen unserer Hühner wandern, ohne dass sich diese auf die Wasserqualität auswirken. Wir haben Hühnern, die eigentlich geschlachtet worden wären, ein neues Zuhause in einer sicheren, natürlichen Umgebung gegeben. Wir haben ein Wildtierschutzgebiet gegründet, in dem Wildtiere artgerecht und in Freiheit ihrem Leben nachgehen können. All das ist schon mehr, als ich gehofft hätte, in meinem Leben zu erreichen. Wir haben es erreichen können, weil wir aufgehört haben, möglichst viel Geld anzuhäufen. Unser Haus hat samt Land weniger gekostet als eine Zwei-Zimmer-Wohnung in Berlin. Natürlich hätten wir alternativ auch mieten können. Die Mieten auf dem Land sind oft um die Hälfte günstiger als in der Stadt. Unser Essen braucht unsere Zeit (vor allem im Frühjahr), aber nicht unser Geld. Wir können dieselben Samen immer wieder verwenden bzw. wir tauschen sie mit unseren neuen Freunden.

Wir haben die Kontrolle über unseren Alltag zurückerobert: Wir entscheiden, wann wir aufstehen, wann wir ins Bett gehen, wann wir im Garten arbeiten oder am Computer. Wir arbeiten weiterhin jeden Tag ein paar Stunden für unsere Kunden. Uns ging es nicht darum, aus der Gesellschaft auszusteigen, sondern einen bestimmten Lebensstil nicht mehr mitzutragen. Wir wollen weiterhin Anteil an unserer Welt nehmen und damit auch gesellschaftlich Einfluss nehmen können. Dank moderner Technologien ist das möglich. Ich kann hier auf dem Land leben und gleichzeitig für Verlage Unterrichtsmaterialien für das Fach Ethik konzipieren, die hoffentlich ein kleines bisschen dazu beitragen, Schüler zum Nachdenken zu bringen. Ihnen die Möglichkeit bieten, über ihre eigenen Ziele nachzudenken, statt andere Ziele zu adaptieren.

Früher war das nicht so einfach. Wer auf dem Land lebte, war ab vom Schuss. Doch das Bild vom entbehrungsreichen Landleben ist längst überholt: Man muss heute nicht mehr frühmorgens aufstehen, um die Hühner rauszulassen, denn das übernimmt der automatische Hühnerportier. Holz für den Winter muss nicht mehr mit der Hand gesägt werden – was früher wochenlang dauerte und mehrere erwachsene Männer an ihre Grenzen brachte, schafft eine gute Kettensäge heute an einem Tag. Man braucht nicht mehr stundenlang, um zu Fuß oder mit dem Pferd in das nächstgelegene Dorf zu kommen, sondern kann auch mal mit dem Auto fahren, wenn man schwer zu tragen hat. Wir müssen uns nicht mehr totarbeiten, um uns zumindest bis in den Herbst mit Nahrung selbst zu versorgen, erst recht nicht als Vegetarier. Weil wir auf moderne Maschinen zurückgreifen können, ist die Arbeit nicht nur leichter, sondern auch schneller erledigt. Natürlich könnten wir in der neu gewonnenen Zeit noch mehr Land urbar machen, um mehr Gemüse anbauen zu können. Doch wozu? Wir können ja nur eine bestimmte Menge Zucchini und Salat essen. Da erscheint es mir sinnvoller, die Zeit zu nutzen, um das Landleben zu genießen – die Natur zu bewundern, anderen zu helfen und dafür zu sorgen, dass es den Tieren gutgeht. Und um Zeit für Gemeinschaft mit anderen Menschen zu haben, mit ihnen zusammen zu sein, sich auszutauschen und voneinander zu lernen.

Ich hoffe, dass ich mit diesem Buch das Bild vom Landleben ein bisschen bunter malen konnte. Das bedeutet nicht, dass es nicht auch Grautöne in diesem Bild gibt, dass man keine Sorgen oder Ängste hätte. Aber ich genieße es, dem Hamsterrad entkommen zu sein, das das Leben in der Großstadt für mich war. Ich genieße es, näher an der Natur leben zu können, morgens mit Anton und den Hunden mit einem Kaffee in der Hand die Runde durch unseren Wald zu laufen. Ich freue mich, wenn die Hühner uns ein Stück weit begleiten. Ich schaue ihnen gern dabei zu, wie sie herumpicken, gurrende Geräusche von sich geben oder einander durchs Gras jagen. Und ich habe gern Zeit für Freunde, die spontan vorbeikommen. All das hätte ich in meinem alten Leben – ganz ehrlich – nicht haben können.

Weil alles irgendwie einen Namen braucht, damit man darüber diskutieren kann, nenne ich unseren neuen Lebensstil ökologisch-digitale Boheme. Ökologisch steht am Anfang, weil es dabei vor allem darum geht, ein sinnvolles Leben zu führen. Ich will für mich nicht in Anspruch nehmen, dass mir das gelungen ist. Aber ich will es versuchen und mich anstrengen, damit es *möglichst* sinnvoll ist. Jeder mag etwas anderes als sinnvoll empfinden: Engagement für Kinder oder alte Menschen, für die Regenwälder oder für Tiere in Not. Aus meiner Sicht kann man aber kein sinnvolles Leben führen, ohne ökologische Kriterien zu berücksichtigen. Denn schließlich leben wir alle auf diesem Planeten. Nichts kann sinnvoll sein, was unsere Lebensgrundlage zerstört.

Den Begriff «digitale Boheme» finde ich schick – gleichzeitig ist er mir ein bisschen peinlich. Dennoch, als Sascha Lobo und Holm Friebe vor rund zehn Jahren mit dem Buch «Wir nennen es Arbeit!» die digitale Boheme ausgerufen haben, war ich absolut begeistert. Ich habe mich verstanden gefühlt! Ein Leben jenseits der Festanstellung war genau das, was ich damals mit meiner

Selbständigkeit geführt hatte. Gleichzeitig hatte ich oft das Gefühl, dass mich Teile der Gesellschaft damit nicht für voll genommen haben, weil ich nicht festangestellt war.

«Wenn du dich anstrengst, bieten wir dir vielleicht irgendwann eine Festanstellung an», hatte mir zum Beispiel mal ein Kunde gesagt. Nichts lag mir zu dieser Zeit ferner: Ich arbeitete gern freiberuflich und von zu Hause aus. Viele konnten das damals nicht nachvollziehen, weil mir ihrer Ansicht nach finanzielle Sicherheit und Arbeitnehmerrechte fehlten und sie befürchteten, ich würde mich selbst ausbeuten. Sicherlich gibt es Menschen, die freiberuflich arbeiten und schlecht bezahlt werden, die jeden Monat neu überlegen müssen, woher sie das Geld für die Miete nehmen sollen. Doch zum einen gibt es das unter den Festangestellten auch und zum anderen betrifft das bei weitem nicht alle Freiberufler. Mit dem Begriff «digitaler Boheme» verlor die Freiberuflichkeit – endlich – etwas von ihrem negativen Image. Plötzlich war ich Teil einer Gruppe, die ständig zu wachsen schien: Immer mehr Menschen arbeiteten selbständig von zu Hause oder von Bürogemeinschaften aus über das Internet. Nicht, weil sie keine Festanstellung fanden, sondern weil sie die Freiheit, die die Selbständigkeit mit sich brachte, bevorzugten – so wie Anton und ich. Dazu gehörten nicht nur viele Autoren und Software-Entwickler, sondern auch zahlreiche Grafiker, Illustratoren, Online-Marketing-Manager, Lektoren, Redakteure und Korrektoren, Übersetzer, Journalisten, Webshop-Händler, Blogger, virtuelle Assistenten (oft Bürokaufleute), Buchhalter, Fotografen, Video-Cutter, Headhunter und Lehrer, die zum Beispiel Fremdsprachen über *Skype* lehren. Mit der fortschreitenden Digitalisierung wird diese Gruppe ständig weiterwachsen, und wer sich für diesen Lebensstil interessiert, wird sich mit großer Wahrscheinlichkeit in einen solchen Beruf hineinentwickeln können, wenn er das möchte. Natürlich ist das nicht in jedem Beruf gleich leicht umsetzbar. Möglich ist es aber – und wenn das bedeutet, seinen Beruf neu zu erfinden! Wie unsere Bekannte Ute Pantel, die beim Neuanfang in Frankreich feststellte, wie kompliziert die Eingliederung in das französische System für Auswanderer ist. Und kurzerhand ein Unternehmen gründete, das andere Auswanderer sicher durch den Verwaltungsdschungel führt, indem sie z. B. Online-Formulare für sie ausfüllt, sie per Chat berät und Telefonate tätigt.

Ich habe mehr als zehn Jahre gebraucht, um zu verstehen, dass mir zwar die Arbeitsweise der digitalen Boheme gefiel, mir dabei aber oft der tiefere Sinn fehlte. Für mich hat er sich erst mit dem Zusatz «ökologisch» ergeben. Und der passt. Denn, was seit dem Buch von Sascha Lobo und Holm Friebe neu ist: Die digitale Boheme funktioniert mittlerweile oft auch auf dem Land – denn in vielen Ländern gibt es inzwischen auch in entlegenen Gegenden schnelles Internet. Deutschland gehört dabei leider nicht zu den Vorreitern. Gibt es keinen DSL-Anschluss, besteht zumindest meist die Möglichkeit, über Satellit online zu gehen – für alle, die keine riesigen Datenmengen über das Netz verschieben, kann das eine Lösung sein. Die digitale Boheme kann damit eine optimale Ausgangsposition für ein ökologisches Landleben bieten. Denn auf dem Land gibt es wenige nicht-digitale Jobs. Und ein Job ist hilfreich, wenn man trotz des Selbstversorgens nicht ganz auf Geld verzichten möchte – zum Beispiel für eine gute Kranken- und Rentenversicherung, die man schließlich nicht mit Gemüse bezahlen kann.

Ich will die ökologisch-digitale Boheme damit nicht als Lösung für jedermann hinstellen. Welchen Lebensstil man führen möchte, ist eine zu persönliche Frage, um mit einer Pauschallösung für alle zu antworten. Aber feststeht: Durch die fortschreitende Digitalisierung werden immer mehr Menschen die Möglichkeit haben, aufs Land zu ziehen, wenn sie denn möchten. Und wer will, kann sein Leben dort nach ökologischeren Gesichtspunkten ausrichten.

Warum ich dieses Buch geschrieben habe? Ich hoffe, dass ich damit Menschen Mut machen kann, die von einem Leben im Einklang mit der Natur träumen. Geht das Risiko ein und versucht es! Denn wenn ihr es nicht tut, werdet ihr nie erfahren, wie ihr hättet leben können, was ihr hättet erleben und erreichen können. Wir sind alle nur eine begrenzte Zeit auf der Erde. Jedes Jahr, das ihr aufschiebt, um Geld für euer «eigentliches Leben» zu sparen, ist ein Jahr, das ihr von diesem eigentlichen Leben verliert. Es ist ein Jahr, in dem ihr euer neues Leben bereits hättet führen können: vier Jahreszeiten, zwölf Monate und 365 ganze Tage lang. Tage, an denen ihr häufiger draußen sein könntet, Himmel, Wiesen und Wälder sehen, Sonne, Wind, Regen oder Schnee auf der Haut spüren könntet. An denen ihr Vögel singen und Insekten summen hören würdet, dazwischen das Rauschen von Wind in den Bäumen. Wo es nach Wald, Wiese, Blumen oder Tieren riecht. Und ihr am Ende des Tages das Ergebnis eurer Arbeit sogar auf dem Teller schmecken könnt. Ihr seid Teil eines natürlichen Kreislaufs, der nachhaltig ist, in dem Vergangenheit, Gegenwart und Zukunft verschmelzen. Eines Kreislaufs, in dem Geburt, Leben und Tod immer wieder ineinander übergehen. Ein Kreislauf, in dem Mensch, Tier und Pflanze miteinander harmonieren – einer, in dem ihr die Möglichkeit habt, mehr zu helfen als zu schaden.

Danke

Danke an alle, die mich dabei unterstützt haben, dieses Buch zu schreiben. Ganz besonders vielen lieben Dank an meinen Freund Anton Karsten, an meine ganze Familie sowie an unsere Freunde hier und in Deutschland, vor allem an Becky, Tom, Otto, Mia, Julia, Kellie, Dave, Stef, Michael, Niki, Lloyd, zweimal Wendy, Archie, Kim, Stuart, Jenny, Adrian, Clémentijn, Erik, Isabelle, Julien, Johanna, Regina und Dario.

Außerdem möchte ich mich herzlich bei meinem Agenten Kai Gathemann bedanken, der die Diskussionen mit mir nicht gescheut und wie immer den perfekten Platz für dieses Buch gefunden hat.

Klasse war auch die Zusammenarbeit mit meiner Rowohlt-Lektorin Julia Vorrath. Danke für die kompetenten und verständnisvollen Anmerkungen und die vielen Kommentare, die mich immer wieder zum Grinsen gebracht haben.

Last but not least vielen Dank an dich, liebe Leserin und lieber Leser, dafür, dass du dieses Buch gekauft und bis hierhin gelesen hast. Ohne dich wäre dieses Buch über unsere Suche nach Sinn sinnlos gewesen. Ich hoffe, dass es dir gefallen hat und dir bei deinen eigenen Plänen vielleicht sogar ein bisschen weiterhilft. Ich würde mich freuen, wenn du mir davon erzählen magst. Du erreichst mich über www.regine-rompa.de oder über meine *Facebook*-Seite www.facebook.com/Regine.Rompa.Autorin. Ich drücke dir auf jeden Fall die Daumen, dass du den Sinn findest, nach dem du suchst, und wünsche dir alles Gute!

Bildnachweis (Tafelteil)

Seite 1: alle Bilder © Regine Rompa

Seite 2: alle Bilder © Regine Rompa

Seite 3: oben links © Freek Karsten, oben rechts und unten
© Regine Rompa

Seite 4: oben links © Regine Rompa, oben rechts und unten links
© Objectif naturel / Pénélope Secher, unten rechts © Freek Karsten

Seite 5: oben © Objectif naturel/Pénélope Secher, unten © Regine Rompa

Seite 6: alle Bilder © Regine Rompa

Seite 7: oben © Regine Rompa, unten links und unten rechts © Objectif
naturel / Pénélope Secher

Seite 8: oben © Objectif naturel / Pénélope Secher, unten links © Anton
Karsten, unten rechts © Objectif naturel / Pénélope Secher

Seite 9: oben links © Anton Karsten, alle anderen © Regine Rompa

Seite 10: oben links und rechts © Regine Rompa, unten © Rebecca
Chipchase

Seite 11: oben © Rebecca Chipchase, Mitte und unten © Regine Rompa

Seite 12: oben rechts © Objectif naturel / Pénélope Secher, alle anderen
© Regine Rompa

Seite 13: alle Bilder © Regine Rompa

Seite 14: oben © Pedro Lastra / unsplash.com, Mitte links und unten links
© Regine Rompa, Mitte rechts © Fabricio Schiavo / unsplash.com,
unten rechts © Christels 1011 Bilder / pixabay

Seite 15: alle Bilder © Objectif naturel / Pénélope Secher

Seite 16: oben links und rechts © Regine Rompa, unten © Objectif naturel /
Pénélope Secher